PSYCHOLOGY

畅销2版

心理学入门 2

匪夷所思的心理学实验

李娟娟 著

中国法制出版社
CHINA LEGAL PUBLISHING HOUSE

前言
PREFACE

如果让你什么也看不到，什么也听不到，什么也摸不到，会是一种什么样的感觉？

经常为多梦而苦恼的你有没有想过，如果做梦的时候总是被人叫醒，结果会怎样？

像《神雕侠侣》中的小龙女那样左手画方、右手画圆的人会有吗？

人的性格究竟是由什么决定的？为什么不同环境下长大的双胞胎那么神似？

如果你看到的世界是上下左右完全颠倒的，这日子还有法儿过吗？

如果小鹅出生后第一眼看到的是你，它会把你当成妈妈吗？

用星座、血型、指纹预测人的性格、命运，千篇一律的结论为何总有人信？

怎么评价人效果好？一直夸，一直骂，先夸后骂，还是先骂后夸？

高难度、难度适中还是低难度的任务最容易激发人的创造性，提高效率？

多大强度的恐吓教育效果最好，高强度、低强度还是中强度？

把你愤怒时呼出的气体凝结成水，喂给小白鼠，结果会怎样？消极情绪的危害究竟有多大？

完美无瑕的表现就能受欢迎吗？还是完美中带点小瑕疵更好呢？

如何让别人答应我们的请求，是得寸进尺，还是以退为进？

看看心理学家做的五花八门、千奇百怪的心理学实验吧！以上这些问题，他们会给你科学的答案。

目录

CONTENTS

01 第一章

02

第二章

为人类奉献的动物们——动物心理经典实验……033

03

第三章

孩子的心事你别猜——儿童心理经典实验……061

07 第七章 事实→认知→情绪——情绪认知经典实验……193

08 第八章 心理学是个“筐”，啥都往里装——形形色色的心理实验……227

第一章

走进心理学实验室
——妙趣横生的经典实验

❖ 心理学的诞生——内省法实验

1879 年，在德国莱比锡大学的某个小房间内，教授威廉·冯特与他的两名学生一起在这里进行了一项实验，这项实验在心理学历史上有着十分重要的意义，标志着现代心理学的诞生。

屋内有一个像座钟的铜制机械装置，称为“微时记录器”。在这个金属架上有一个升起的臂，小球可以从臂上落下，掉在下面的平台上。这一整套实验装置称为“发声器”。除此之外，还有发报键盘、电池和变阻器。冯特和他的学生用电线把这五样东西连接起来。实验开始时，一个小球会从臂上掉落在平台上，然后发报键盘会发出“嗒”的声响，微时记录器会记录下所消耗的时间。

实验通常会以两种形式进行。一种形式是，实验者对被试所下达的指令是：“在感觉自己听到球落地的响声时，立即用手去按发报键盘的按钮。”另一种形式是，实验者对被试所下达的指令是：“听到球落地的响声后，立即用手去按发报键盘的按钮。”

这两种不同的指令看起来很相似，但是在实验中可以看出明显的不同。按照第一种形式的指令，被试会把自己所有的注意力集中在感觉上；而第二种形式的指令会让被试把自己所有的注意力都集中在声音上。

经过多次实验后，听从第一种形式指令的被试，因为通常需要有意识地感觉声音后才按发报键盘，所以需要花费0.2秒的时间。而听从第二种形式指令的被试，仅仅需要依靠纯粹的反射反应就可以了，所以只需要花费0.1秒的时间。

延伸阅读

在实验中，冯特和他的学生还会花费数小时的时间聆听节拍器。他们给节拍器设置不同的速度，有时候会让节拍器拍打几下之后就停止，有时候会让节拍器拍打好几分钟。听节拍器的人们需要说出心里的感受。

经过多次的实验后，冯特发现快节拍会让人产生激动的感受，而慢节拍则会达到放松的效果。此外，他还发现当被试听到“嗒”声之前会陷入紧张的状态，而听到“嗒”声后会感觉到放松。

通过这些实验，冯特提出内省法的理论。在冯特提出这个理论之前，心理实验与生理实验难舍难分，而且纯内省的哲学心理学也在心理学中占据一定的优势地位。但是冯特的这个实验以及内省法理论改变了心理学的历史。内省法理论以直接经验为特征的心理活动作为研究的对象，这标志着心理学正式从哲学中分离出来，成为一门独立的学科。只不过后来行为主义流派的心理学家否定了对人类意识的研究，而把研究的方向集中在行为上。

❖ 老鼠能否抗拒吗啡——成瘾实验

1960年，学者奥尔兹与米尔纳通过研究发现，那些被关在笼子中的老鼠面对食物和吗啡时会选择后者，尽管它们十分饥饿，直到最后被饿得骨瘦如柴而死。这项实验验证了现实生活中那些因吸食毒品而导致食欲渐渐减退直到饿死的人的情况。心理学家亚历山大认为，这种实验结果根本不可靠，因为实验中的老鼠背部被剃光，直接插入导管，每天都生活在一个狭窄且脏乱的笼子里。亚历山大表示："如果每天都必须生活在那种糟糕的笼子里，我也会像老鼠一样需要靠药物来使自己保持振奋的状态。"

亚历山大认为，老鼠之所以会成瘾，是为了逃避那种糟糕的生存环境。那么，如果生活在一个快乐舒适的环境中，它们是否还会出现成瘾的生理反应呢？

亚历山大和同事科姆斯、哈维达合力为老鼠建造了一个五六平方米大小的实验基地，并取名为"乐园"。在乐园中，温度适中且摆放了许多美味的松木刨花，各种玩具，还点缀了山丘、树木、石头等。

亚历山大在这个乐园中放了两种水，一种是掺有吗啡的糖水（因为吗啡本身具有苦味，为了保证老鼠对这些水有兴趣，所以亚历山大往里面掺入白糖），另一种是有霉味且浑浊的自来水。为了对比，亚历山大还把一些老鼠放进那种狭窄且脏乱的笼子里喂养。

经过一段时间的观察，亚历山大发现，生活在乐园中的老鼠很少去喝掺有吗啡的糖水，因为它们不喜欢那种吸食吗啡后呆滞茫然的感觉，尽管它们很喜欢喝甜水。相反，那些生活在笼子中的老鼠会频繁且用力地饮用掺有吗啡的糖水，在饮用过后没多久，它们就有了头晕目眩、眼神呆滞的反应，并且开始四肢无力地卧倒在地上，并不时会有小幅度的晃动。

后来，亚历山大在乐园里掺有吗啡的糖水中加入一种新的物质，这种物质可以稀释水中吗啡的药力作用和糖水的甜度。他发现，乐园中的老鼠开始饮用这种水。

这项实验证明，生活在舒适环境中的老鼠会主动避免接触那些会影响自己群体性行为的物质。例如，老鼠都喜欢喝那些带有甜味的水，但前提条件是，喝下这样的水后不会让自己精神恍惚。

亚历山大通过这项实验表明，如果人们生活在一个舒适愉快的环境中，是不需要吗啡等物质刺激的。亚历山大试图让乐园中的老鼠对吗啡成瘾，但是失败了，因为那些老鼠对吗啡根本没有兴趣。

亚历山大还考虑到，如果一开始这些老鼠就已经染上毒瘾呢？为了进一步研究，亚历山大重新找来了一批老鼠，把其中一些放进笼子里，另一些放进乐园中，而且仅提供掺有吗啡的水。过了一段时间，亚历山大确定两种情况下的老鼠全部染上了毒瘾，然后开始给老鼠提供一些自来水，让老鼠在自来水与掺有吗啡的水中进行自主选择。

亚历山大发现，那些生活在笼子中的老鼠会毫不犹豫地选择吗啡水，而生活在乐园中的老鼠会出现戒断毒瘾的行为，它们会渐渐选择自来水，进而摆脱吗啡成瘾的现象。实验证明，人类并不是成瘾性药物的奴隶，成瘾行为事实上受到自由意志的支配。

延伸阅读

1960 年至 1970 年，心理学家对人类的成瘾行为产生了极大的兴趣，并且很快开始进行实验研究。实验对象是动物，心理学家通过这些动物对吗啡等毒品的反应推断出人类成瘾行为中的渴望、忍耐和戒断等症状。

心理学家对动物的实验让人们觉得匪夷所思，如他们通过吹箭的方式把含有致幻迷药的针筒注射到大象体内，或者直接利用导尿管把巴比妥酸注入猫的胃部。此后严格限制动物的活动，他们会把实验对象绑在椅子上，进而观察动物对这些药物的成瘾性反应。

1981 年，亚历山大、科姆斯、哈维达三人对这种传统的成瘾性实验步骤产生了怀疑，决定对这些传统的实验假设发出挑战。因为他们觉得，在实验的过程中，把实验对象束缚起来，如把一只猴子绑在椅子上倒立几天，然后给实验对象一个按钮器，只要实验对象一接触到这个按钮器，就会被注射成瘾性药物，从而消除束缚给自己带来的痛苦，这种实验是无法证明药物使人上瘾这个结论的。这些实验只能证明，实验对象是为了逃避束缚而染上成瘾性药物的。如果实验对象在一个十分舒适的环境中生存，那么它是否还会染上成瘾性药物呢？

答案是否定的。当一个人遇到人生的低潮期，并且在此期间沾染上药物，那么他就很难戒除这种成瘾行为，戒除的过程相当痛苦且容易复发。一个人之所以会被毒品牵着鼻子走，是因为他生活在一个自己并不满意的环境中，所以才依靠毒品来逃避现实。毒品之所以难以戒除，不是因为毒品的生理成瘾，而是心理成瘾，只有从心理上戒除对毒品的依赖，才能真正戒除成瘾现象。这就是亚历山大的老鼠实验所告诉我们的结论。

❖ 与世界失去接触——感觉剥夺实验

1954 年，在加拿大一所大学的实验室里进行了一次感觉剥夺实验。参加实验的都是一些自愿报名的大学生，他们可以获得 20 美元作为报酬，这在当时是一笔不小的数目，被试都十分积极地参加这个实验。组织这次实验的人是贝克斯顿、赫伦、科斯特。

被试所要做的就是 24 小时都躺在一个有光的屋子的床上，如果被试能够坚持下来的话，也可以躺更长的时间，贝克斯顿三人会付给被试相应的报酬。当然，被试在此期间是可以解决个人的生理问题的，如吃饭和上厕所等。

贝克斯顿三人想尽办法严格控制被试与外界的感觉接触，如视觉方面，会给被试戴上半透明的眼罩，被试可以感觉到有光，但是不会看见任何图形；触觉方面，会给被试戴上纸板做的套袖和棉手套，限制他们与外界进行触觉接触；听觉方面，给被试提供 U 形泡沫橡胶枕头，同时利用空气调节器单调的“嗡嗡”声限制被试听到外界的声音。也就是说，被试所有的外在感受都被人为地阻断了。

被试在参加实验前，认为自己捡到了一个大便宜，可以利用这个空闲时间好好睡一觉，或是考虑一下论文和课程计划。但是参加实验后，被试才意识到这些根本是天方夜谭。被试表示，他们不能对任何事物进行清晰的思考，并且根本无法控制自己的注意力，哪怕是短暂地集中注意力也很难做到。被试发现，他们很难控制自己的思维，思维总会不受控制地“跳来跳去”，无法进行正常的思考。

此外，贝克斯顿三人还从感觉剥夺实验中发现了一个意想不到的实验结果，那就是接受感觉剥夺实验的被试中有 50% 的人出现了幻觉。其中，被试的幻觉大多数是视觉幻觉，有一小部分被试的幻觉是听觉幻觉和触觉幻觉。这些幻觉都是一些简单的幻觉体验，如看见光的闪烁，但是这道光并没有具体的形状，而且常常出现在视野的边缘地带等。听觉幻觉则包括狗吠声、警钟声、打字声、警笛声、滴水声等。触觉幻觉常常是感觉到冰冷的钢块压在额头或脸颊处，感觉有人把自己身下的床垫抽走等。

被试在参加感觉剥夺实验的几个小时后会出现恐慌。三四天以后，许多人会出现心理问题，如错觉和幻觉，注意力涣散、思维迟钝，紧张、焦虑和恐惧等。

在感觉剥夺实验停止后，这种影响在被试身上依然会持续。对于那些简单的思考或中等难度的作业，如记忆词汇和数字移动单词中的字母问题，感觉剥夺实验并没有对被试产生影响；但是对于那些复杂的问题，如单词联想测验和考查被试推理能力的创造性测验等，感觉剥夺实验会对被试产生负面影响。被试的成绩明显不如没有参加感觉剥夺实验的学生。这说明，感觉剥夺实验会影响人们有关复杂性的思考和认知。

感觉剥夺实验对被试的负面影响在实验结束的数天后会消失，那个时候被试的认知和思维会恢复正常。尽管如此，这种以人为实验对象的感觉剥夺实验还是受到人道主义者的谴责，并且被禁止。

延伸阅读

感觉剥夺是指将参加实验者与外界刺激高度隔绝的状态，在这种特殊状态中，被试的感觉器官接收不到任何来自外界的刺激，经过一段时间后，被试会产生这样或那样的病理心理现象。也就是说，大脑的发育和人的成长成熟是建立在与外界广泛接触之上的，如果一个人无法与外界保持接触，那么很有可能会出现心理问题。

感觉剥夺实验证明：感觉剥夺会对人产生不利的影响，但是有的人却认为感觉剥夺有时候能减轻一个人的压力，帮助人们更积极地面对生活。

心理学家聚德费尔德曾经对吸烟者和肥胖者进行感觉剥夺实验。在实验中，吸烟者需要在一个安静的黑屋子中躺上24小时，同时听着有关吸烟危害健康的话。在实验后的一周内，吸烟者没有出现吸烟的现象。一年后，大部分人会戒烟。这项实验说明，对一些感觉输入进行有限制的剥夺，可以帮助他们改变不良的生活习惯。

不能没有梦——梦剥夺实验

我们每个人都会在睡觉的时候做梦，我们的梦是阻碍睡眠还是有利于睡眠？睡眠对我们来说到底是生理需求还是心理需求，抑或是两者的共同需求？心理学家德蒙特通过梦境剥夺实验解释了这些问题。

起初，德蒙特使用一些药物来干扰被试的梦境，从而研究梦境被剥夺对人产生的影响。但是实验开始后不久，德蒙特就发现药物的作用往往会改变被试正常的睡眠模式。这样一来，德蒙特所得到的实验结果就会不准确，实验也就失去了所具有的价值。

于是，德蒙特开始采用阿赛斯基传统观察模式，即在被试的头皮或眼睛周围贴上电极贴，进而观察并记录被试的脑电波模式和眼动情况。

德蒙特挑选了 8 名男性被试，年龄在 23 岁至 32 岁之间。被试所要做的是每天睡眠时间一到就来到德蒙特的实验室睡觉，睡觉之前会被贴上电极贴。

起初几天，被试可以安静地睡觉，不会被打扰。德蒙特这样做的原因有两个，一个是让被试尽快适应实验室的睡眠环境，一个是观察被试在梦境没有被剥夺时的精神状态。

几天之后，德蒙特的梦境剥夺实验开始了。当被试进入睡眠状态后，会出现快速眼动的情况，这说明被试在做梦。这时，德蒙特会把被试叫醒，然后要求被试坐几分钟，直到被试真正清醒以后，才能继续睡觉。在接下来的睡眠中，如果被试再次出现快速眼动的情况，那么会依照以上的做法再次被叫醒。

德蒙特对被试的要求有两点，一点是被试自愿接受在任何时间被叫醒；另一点是被试必须保证不能在非实验时间里睡觉或打盹。

8 个被试中有一个被试在第三天晚上自愿退出实验，因为他感觉很焦虑；有两个被试在第四天晚上也自愿退出实验，原因是相同的，梦境剥夺让他们感到焦虑。

只有 5 个被试坚持完成了整个实验。经过几天的梦境剥夺之后，被试开始按照德蒙特的要求进入恢复期。在此期间，被试可以毫无顾忌地睡觉而且不会被打扰。而德蒙特开始观察被试的快速眼动时间。结果发现，被试在正常睡眠中，快速眼动的时间为 80 分钟左右；而恢复期被试的快速眼动时间为 112 分钟。

德蒙特发现，经过几天梦境剥夺的实验后，被试开始出现轻微的焦虑、不安和注意力不能集中等症状。因此，德蒙特得出一个结论，梦境对于睡眠而言是必需的，我们在睡眠的时候必须做梦。

延伸阅读

德蒙特通过快速眼动推断被试是否正在做梦。也就是说，做梦与快速眼动之间存在着十分密切的联系。

20世纪50年代，美国芝加哥大学在读研究生阿赛斯基在观察婴儿睡觉的时候，发现了一个有趣的现象，那就是婴儿会出现间歇性的快速眼动。阿赛斯基认为这种快速眼动与做梦有一定的联系，于是他很快开始研究成年人的快速眼动现象。

阿赛斯基选择27个被试，要求他们在睡眠时间内来实验室睡觉，实验室为被试提供了一个安静且黑暗的睡眠环境。在被试睡觉之前，阿赛斯基会在被试的眼睛周围贴上电极贴，从而观察被试眼睛周围肌肉的状况。

在被试睡觉的时候，阿赛斯基分别在被试出现快速眼动、少许眼动和无眼动的情况时，叫醒被试并且询问被试是否在做梦。在27人中，有20人能详细叙述梦境，剩下7人表示自己正在做梦，但是不记得梦境。在无眼动的情况下，有19人表示自己没有做梦，有4人表示自己有可能在做梦。这说明，快速眼动与做梦是密切相关的。

❖ 一分为二的大脑——裂脑人实验

我们的大脑是一分为二的，即大脑的左半球和右半球。当左边的眼睛注意到刺激物时，这种刺激会被右半球接受，表现在肢体动作上是左边身体的动作。当我们右边的眼睛注意到刺激物时，这种刺激会被左半球所接受，表现在肢体动作上是右边身体的动作。

通过科学家的研究，我们知道大脑左半球的优势在于语言、数学计算等逻辑性的思考；右半球的优势在于空间结构的想象能力和感觉模式。

日常生活中，左半球和右半球同时对我们产生影响，而且它们之间是通过胼胝体相互联系的。那么，当左半球和右半球之间的胼胝体被切断时，会出现什么情况呢？这样一来，我们的大脑就被彻底分成两个不相干的部分，这个实验被称为“裂脑人实验”。

参加实验的是一名男子，他的胼胝体被切断，大脑左右半球没有联系。实验中，他的双手被屏幕遮挡住了，也就是说他看不到自己的任何动作。男子凝视屏幕，左边首先出现了“螺母”这个名词，而且时间只有 0.1 秒。显然，这个名词刺激会被大脑右半球所接受，并且出现交叉的肢体反应，男子用自己的左手拣出了螺母这种物体。

但是稀奇的是，男子无法告诉别人自己拣出物体的名字，因为动作是在右半球的命令下做出的，而人类的语言能力依赖于左半球，所以男子无法说出“螺母”这个名词。

其中，“螺母”这个名词在屏幕上闪过的时间十分重要。如果超过 0.1 秒的话，那么被试就会通过眼睛的运动把这个信息输入左半球，这样被试的左半球和右半球就会取得联系。具体表现就是，被试可以说出自己拿到的物体的名字，因为我们的左大脑是专门负责语言组织能力的。

后来，实验者在被试所能看到的屏幕上显示出了“hatband（帽带）”这个名词，只不过“hat”显示在屏幕的左边，被被试的大脑右半球所接收；而“band”则显示在屏幕的右边，被大脑左半球所接收。实验者问被试所看到的名词，被试的回答是“band”。之所以会出现这种现象，是因为我们的大脑左半球负责语言功能，而被试的大脑左半球接收到了“band”的信息。尽管被试的大脑右半球也接收到了“hat”的名词信息，但是却无法表达出来。

延伸阅读

1860 年，法国医生布洛卡首先发现人类大脑不同区域的功能。布洛卡对一个有语言障碍病人的大脑进行了解剖，结果发现病人大脑中左半球额叶外侧有一处明显的损伤。因此，布洛卡认为这个区域是专门控制人类语言的地方。并且认为，如果一个人的大脑右半球出现损伤，将不会影响他的语言功能。

20世纪40年代，有些科学家为了控制严重癫痫病患者的失控行为，会对这类病人实施割除手术，即把左半球和右半球联系的胼胝体割除，这样一来就可以避免癫痫病从一处大脑扩散到另一处大脑，癫痫病的发作也得到了有效的控制。这些患者左半球和右半球之间的联系被切断了，两个半球之间不能进行信息的交流，而且肢体动作不会相互配合，因此这种人被称为“裂脑人”。

这种手术之所以会得到推广，是因为裂脑人的性格、情绪和一般智力都不会受到影响，而且能免受癫痫症的纠缠。

但是这种手术依然会给裂脑人的生活带来许多不便。例如，出现在裂脑人右侧视野中的物体，只能在他的左半球中呈现，并且只能用右手去拿。如果是正常人，左手右手都可以拿，这是因为正常人的左半球和右半球之间是相互联系的，而裂脑人的大脑却没有这种联系。

❖ 基因决定性格——同卵双胞胎研究

人的性格是先天还是后天决定的？行为主义流派认为人的性格是外在环境塑造的结果。但是也有人提出质疑，心理学家鲍查德和莱肯认为人的性格与其基因有着十分密切的联系，而外在环境只起辅助作用，他们用实验验证了这个结论。

想要证明这个理论，鲍查德和莱肯就必须寻找两个基因相同，且从出生起就没有生活在一起的人。鲍查德和莱肯首先想到了早年分离且成长环境不同的同卵双胞胎。

虽然寻找满足这样条件的被试很困难，但是鲍查德和莱肯还是找到了。在实验者的要求下，每一名被试都需要完成将近 50 个小时的测验。这些测验的内容涵盖范围十分广泛，几乎涵盖一个人人格和性格特征的各个方面。被试需要完成 4 种人格特质量表、3 种能力倾向和职业兴趣调查问卷以及两项智力测验。

鲍查德和莱肯为了了解被试家庭生活的状况，还让被试填写了一份家庭环境测量表以及他们对生父母或养父母教养方式的感受和态度。

最重要的是，被试在完成这些调查的时候都是相互独立的，鲍查德和莱肯这么做是为了避免每一对同卵双胞胎之间不经意中产生的相互影响。

这项调查产生了大量的数据和信息，鲍查德和莱肯通过研究发现，同卵双胞胎即使从出生开始就分开，并且在生活条件大相径庭的家庭环境中长大，其外表、基本的心理特征以及性格都会惊人的一致。鲍查德和莱肯认为之所以会出现这样的现象，完全是因为同卵双胞胎具有完全相同的遗传特质，也就是说，他们的相同是因为基因的相似。

鲍查德和莱肯认为，这个实验结果完全否定了行为主义的环境决定论。不过，鲍查德和莱肯并没有提出基因决定论。他们认为人的性格是遗传基因和环境共同影响的结果，只不过这两者的影响有大有小而已。鲍查德和莱肯提出，当环境影响较小的时候，人与人之间的差异主要是基因决定的；相反，当基因影响较小的时候，人与人之间的差异主要是环境造成的。

延伸阅读

当有人问到你是怎样一个人的时候，你会对自己做出总结，这个总结其实就是你的性格特征。例如，你会说自己是一个活泼开朗的人或是一个内向的人。但是也有不少人会想，到底是什么决定了我的性格呢？

这是一个比较复杂的问题，因为一个人性格的形成会受到很多方面的影响。你或许会认为，自己之所以会有这种性格，是因为家庭、学校以及社会环境的共同作用。例如，父母对你的性格形成起到的关键作用以及朋友、老师对你产生的影响等。有些人还会把自己的性格与人生经历联系到一起。例如，有些人在很小的时候父母就离婚了，他们因此变得郁郁寡欢、敏感多疑，因而他们会认为这种性格特征的形成是父母离婚这一变故所造成的。

不论是家庭、学校、社会因素，还是人生经历，这些影响都具有一个相同的特征，那就是它们都是外在的环境因素。也就是说，大多数人认为自己性格的形成是生活环境所决定的，如果自己生活在另外一个环境中，那么将会形成另外一种性格。

人们之所以会有这种想法，是受到了行为主义学派的影响。20世纪，行为主义成为心理学流派中一个颇具实力的流派，对人们产生了很深的影响。

行为主义学派主张人的行为是被外在环境所决定的，甚至可以说行为主义者完全是环境决定论者。行为主义流派的创始人约翰·华生曾经说过一段很著名的话："请给我一打健康且没有缺陷的婴儿，让我在我的特殊世界中对这些婴儿进行教养。我可以保证，在这12个婴儿之中，我随便拿出一个婴儿来，不论他的父母能力、爱好、趋向、才能、职业以及种族是怎样的，我都可以将他训练成为一个领域的专家。我可以把他训练成一个医生、律师、艺术家或商界首领，甚至可以把他训练成为一个乞丐或窃贼。"

除此之外，人们宁愿相信环境决定论还有一个很重要的原因，那就是自由意志。如果人们一开始就相信基因决定性格，那么这就意味着一切在人们出生的时候就已经注定，根本没有改变的可能。这种观点会让人产生一种宿命论的感觉，无法体现一个人的自由意志，所以人们对基因决定论是有些抵触的。

❖ 灵感从何而来——酝酿效应实验

心理学家西尔维拉做过一个实验，实验结果证明了一个心理学理论——酝酿效应。所谓酝酿效应，又被称为直觉思维。具体是指，当一个人反复探索某个问题却无法解决时，不妨把这个问题暂时搁置起来，这段时间可以是几个小时、几天或是几个星期。之后会因为某种机遇而突然出现新思想和新办法，这样一来百思不得其解的问题会一下子被解决。

西尔维拉挑选出一些被试，并告诉他们："你面前有 4 根小链子，每根链子共有 3 个环。打开其中一个环需要两分钟的时间，封合一个环需要 3 分钟的时间。在游戏开始之前，所有的环都处于封合的状态。你们的任务就是把这四根小链子，也就是 12 个环全部连接成一根大链子，而且所花费的时间不能超过 15 分钟。"

在实验的过程中，三组被试都用了至少半个小时才连接成一根大链子。其中，第一组被试在半个小时中有 55% 的人解决了这个问题。且在完成这项任务期间，没有任何打扰，被试的注意力都集中在解决问题上。

第二组被试在半个小时中有 64% 的人解决了这个问题，且在完成任务的期间，插入半个小时用来做其他的事情，他们的注意力被分散过。

第三组被试在半个小时中有 85% 的人解决了这个问题，且在完成任务期间，插入 4 个小时用来做其他的事情，他们注意力被分散的时间比第二组更长一些。

这个实验结果告诉我们，那些中途被打扰的人解决问题的效率更高。而且西尔维拉发现，当第二组和第三组被试被打断且重新开始时，他们不是按照原来的思路继续尝试，而是从头做起。也就是说，他们放弃了原来那种无法解决问题的思维定式，开始沿着新的思路去解决手头的问题，因此成功率变得很高。

意大利美学家克罗齐指出，人的知识主要有两种，一种是直觉的，一种是逻辑的。克罗齐还认为，直觉的知识主要来源于想象，而逻辑的知识主要来源于理智思考。

酝酿效应会给人一种直觉知识的感觉，因为我们似乎对某一个问题豁然开朗，那种神奇的感觉是不可思议的。但是想要出现酝酿效应的现象必须有一个前提条件，那就是必须经过当事人的苦苦思考。如果一个人对一个问题连思考都没有，那么他根本不会出现酝酿效应。

延伸阅读

德国化学家凯库勒研究苯分子结构已经很长时间，但是依然毫无进展，凯库勒觉得苯分子中原子结合的方式是难以想象的。

其实，苯分子早在1825年的时候就被发现了，但是在此后几十年的时间里，人们一直不知道苯分子的内部结构。所有研究都证明苯分子的结构非常对称，是由6个碳原子和6个氢原子完全对称地排列形成的，而且结构十分稳定。

最终，一个梦境为凯库勒解决这个问题提供了灵感。1864年的一个晚上，凯库勒做了一个梦，这个梦被认为是化学史上最著名的梦，可以说正是这个梦揭开了苯分子结构的秘密。

那天晚上，凯库勒的研究依然没有太大进展，这种不顺利的感觉让他觉得很沮丧，凯库勒把座椅转向炉子的旁边，渐渐进入半睡眠的状态。在这种状态中，凯库勒做了一个梦，他梦见原子排着长长的队伍在他的眼前飞舞着。原子变化多姿，逐渐相互靠近，最终连接在一起，开始扭动着、回转着，凯库勒感觉那是一条蛇。过了一会儿，凯库勒看到一个神奇的景象，那条蛇状的原子队伍忽然咬住自己的尾巴，在凯库勒眼前旋转着。凯库勒感觉像被电击一般突然惊醒，因为凯库勒认为梦中那个蛇形结构其实就是苯分子的结构。醒来的凯库勒精神抖擞地开始了研究，并且一举突破苯分子结构的难题。

这位化学家把自己研究的成功归结于神奇的梦境，并认为如果不是因为那个梦境，或许他根本无法发现苯分子结构。但是，凯库勒不知道的是，促成他研究的正是酝酿效应。

❖ 天生的完成欲——蔡格尼克效应实验

20 世纪 20 年代，德国心理学家蔡格尼克在一次记忆实验中发现了一个有趣的心理现象，并且提出了相应的理论。

蔡格尼克把被试分为甲乙两个小组，同时让两个小组做相同的数学题，这些数学题都比较简单。实验期间，蔡格尼克给甲组被试充足时间完成数学题，而乙组在进行到一半的时候被迫停止。

然后，蔡格尼克开始让两个小组的被试分别回忆演算的题目。结果发现，乙组所回忆起来的题目明显多于甲组。蔡格尼克认为，这种没有完成任务的感觉让乙组的被试感到很不舒服，所以对题目记忆深刻。而甲组的被试已经顺利完成数学题，他们的完成欲得到满足，所以便轻松地搁置下来。

后来，蔡格尼克为了继续验证这个实验结果和结论，又进行了一次类似的实验。蔡格尼克让被试做了 22 件简单的工作，如默写一首自己喜欢的诗歌、从 55 倒数到 17、把一些颜色和形状不同的珠子按照一定的方式用线穿起来等。

这些简单工作所需要的时间基本相等，通常都是几分钟就可以完成的。在这 22 件简单的工作中，只有 11 件会顺利完成，而另外 11 件则会被打扰并且中断，最后无法完成。在允许完成和不允许完成的工作任务中，蔡格尼克是随机排列的。

实验完毕后，蔡格尼克让被试回忆刚才那 22 件工作的具体任务。结果，蔡格尼克发现，被试对未完成工作的回忆率高达 68%，而已完成任务的回忆率只有 43%。

蔡格尼克认为，人天生就具有一种办事情有始有终的驱动力，人们之所以会忘记已经完成的工作，是因为完成欲已经得到满足。相反，如果工作尚未完成，那么这个人的完成欲就得不到满足，使得记忆更加深刻。

蔡格尼克效应中提及的完成欲望是驱使我们完成任务的动力所在，如果没有这股动力，那么我们很容易成为有始无终的人。但是，蔡格尼克效应容易出现两个极端。

其中一个极端是动力太强，这种人在面对需要完成的任务时，会强迫自己，非要一气呵成地完成任务，否则绝不罢手，这样这个人会忽视许多有趣的人和事。而且有些事情本来就是无法完成的，如果一味地执着下去，只会很痛苦并被其所累。

另一个极端是动力太弱。这种人在面对需要完成的任务时容易拖沓，永远都无法真正完成一项任务，而且注意力很快就被转移。

延伸阅读

有一个著名的作家写过一个无厘头的简短故事：有一名男子在读大学的时候很贫困，有一次他很饿，于是就想去面包店偷一块面包来充饥，这个想法在他的头脑中酝酿了很久。最终，男子好不容易下定决心去偷面包，可他忽然想到，如果自己被抓住了就会被退学，为了一块面包放弃自己的大好前程，实在太不值了。于是，男子就继续忍受饥饿，打消了偷面包的念头。

后来，这名男子在自己的努力下，终于毕业并找到了一份不错的工作，摆脱了贫困生活所带给他的困扰。这时，男子已经是一个成功人士，不会再忍受饥饿。但是男子不知道怎么的，半夜总会感觉很饥饿，即使吃东西也无法消除这种饥饿感。

有一天晚上，男子做了一个梦，在梦中他看见了曾经的面包店，而且自己居然进去偷面包。男子醒来后感觉很奇怪，毕竟现在的自己已经不是当年的穷小子，根本不会饿肚子，更别说去偷面包。

经过一段时间的思考，男子发现了根源所在。他之所以会出现这样的梦境以及那每夜袭来的饥饿感，都是因为一个未完成的计划——偷面包。

男子在生活相当贫困的时候，曾经在头脑中做出十分详细的偷面包计划，但是这个计划并没有实施，因此成了他的心病，因为男子没有从中感受到完成欲，所以他对偷面包这件事情记得特别清楚，而且总是放不下。于是，这名男子决定还是去偷一块面包吧，不然自己会惦记一辈子。很明显，这名男子属于蔡格尼克效应中动机过强的极端例子，决定要做的事情如果不完成，永远都得不到解脱。

❖ 毒品过量死亡的真正原因——毒品抗药力实验

在一项实验研究中，心理学家西格尔与同事们通过经典条件反射的作用，让老鼠在一种情景中接受预期的海洛因注射；而在另一种情景中接受预期的葡萄糖溶液注射。在这一阶段内，西格尔会让所有老鼠都形成对海洛因的抗药力，然后再让所有老鼠接受测试。

在接受测试的时候，所有的老鼠都接受了比平常注射量要大两倍的海洛因。在条件反射的过程中，一半老鼠是在之前注射海洛因的情景中接受大量海洛因的注射；另一半老鼠是在注射葡萄糖溶液的情景中接受大量海洛因注射。也就是说，所有老鼠被注射的海洛因剂量是相同的，而且在第一阶段内所形成的抗药力也是相同的，唯一不同的是接受注射的环境。

实验结果发现，在葡萄糖溶液情景中老鼠死亡数量是在海洛因情景中老鼠死亡数量的两倍。

延伸阅读

生理学家巴甫洛夫与他的同事贝可夫曾经指出，当个体预期到鸦片的药理学作用时，他对鸦片的耐药性就会提高。后来，西格尔用实验研究精炼了这些观点。他认为毒品的使用情景是作为条件刺激物存在的，个体会通过阻滞药物的常规效应而学会自我保护。也就是说，当人们吸入毒品后，毒品会带给他们某些生理反应，而这些反应就是个体试图建立体内动态平衡而采取的药物对抗反应。个体对药物的对抗反应是无条件反射。随着时间的推移，这种无条件反射就会变成条件反射。也就是说，个体在使用毒品时会与通常所处的情景联系在一起，这样个体就会对药物的预期效应做出生理准备。所以，个体在熟悉的情景中吸毒，身体对毒品的抗药性会越来越强，这样就需要吸入量更大的毒品。

在做完以上实验后，西格尔还展开了一项调查。西格尔调查了一些海洛因成瘾者，这些海洛因成瘾者都因为药物过量而濒临死亡。在10个被调查人当中就有7个人是在新的或者不熟悉的环境中用药，才出现用药过量而濒临死亡的现象。也就是说，他们所吸入的海洛因数量在熟悉的情景中不会死亡，但是换了一个新的情景就会引起死亡。吸毒者在一种情景中所形成的抗药力的剂量，或许换一种不熟悉的情景就成了过量剂量。

❖ 整体大于局部之和——似动现象实验

在心理学上有一个概念叫“似动现象”。所谓似动现象就是在日常生活中，人们看到物体出现移动现象，实际上不是真的在移动，而只是人们的视觉错觉。

例如，在黑暗中，长时间看着一个小亮点就会觉得它在飘动，这种现象被称为“自主运动”。在月亮和乌云同时出现在天空时，人们会觉得月亮在乌云中缓缓移动，而事实上是乌云在随风而动，月亮并没有动，这种现象被称为“诱发运动”。当我们长时间地注视飞流而下的瀑布后，再看看田野，会觉得田野上的景物在向上飞动着，这种现象被称为“运动后效”。以上所列举的例子虽然属于不同的运动，但是它们同属于似动现象。

1912 年，德国实验心理学家、格式塔学派的代表人物马克斯·魏特海默用实验证明并揭示了似动现象。魏特海默首先准备了一个速示器和一块幕布，然后他让速示器通过两条细长的裂缝，这样就会在幕布上呈现出两条光线，一条是垂直的光线，一条是与那条垂直线呈 20° 或 30° 角的直线。

在实验中，魏特海默先后向被试呈现这两条光线，但是两条光线呈现的间隔时间是不同的。当间隔时间比较长时，如 200 毫秒，被试会看到两条先后出现的光线。当间隔时间较短时，如 30 毫秒，被试会看到两条同时出现的光线。当间隔时间比较适当时，如 60 毫秒，被试会看到光线从一处向另一处移动，也就出现了所谓的似动现象。

魏特海默对似动现象的解释是，似动现象是一个整体，而不是若干不同感觉元素的集合。魏特海默认为，心理现象是一种不可分解的整体感受，整体不等于部分之和。

延伸阅读

在世界上，没有一种刺激是孤立存在的，而我们的知觉对象总是被其他刺激围绕着，我们的各种知觉组织方式很可能是联系在一起的。魏特海默所提出的这种观点与完形心理学派的观点十分相似。完形心理学派也被称为“格式塔心理学”。格式塔心理学的历史虽然十分短暂，但对人类视觉整体性的研究做出了巨大的贡献。

格式塔心理学派认为，人类对于任何视觉图像的认知都经过各种知觉系统的组织，并非各独立部分的组合。也就是说，我们所知觉到的东西都是与过去以及同时发生的事情相互联系在一起的。例如，你在看一幅画的时候，觉得某种颜色十分鲜艳。这种感觉是根据这幅画的其他颜色共同决定的，而不是这种颜色本身所固有的特性决定的。当把灰色放进一幅颜色艳丽的图画中，你不会觉得灰色明亮。但是如果把灰色放进颜色阴暗的图画中，你就会觉得灰色看上去很明亮。

❖ 颜色的选择——关系转换学说实验

沃尔夫冈·苛勒是格式塔心理学派的主要代表人物之一，他除提出顿悟理论外，还提出著名的关系转换说，并用实验证明了这个理论。

苛勒选择小鸡、黑猩猩和一个3岁的女孩作为被试。实验要求被试在两张纸上寻找食物，一张纸的颜色为深灰色，另一张纸的颜色为浅灰色，而且苛勒总是故意把食物放在那张颜色比较浅的纸上。

首先，苛勒训练小鸡分辨浅灰色纸和深灰色纸。他经常将两张纸的位置进行调换，但小鸡总是能在浅灰色的纸上吃到米粒。经过40次至60

次的训练之后，小鸡终于学会只挑选浅灰色的纸吃米粒。

然后，苛勒会变换条件，把深灰色的纸换成更浅的灰色，然后观察小鸡会如何选择。结果发现,70% 的小鸡会选择那张新的、灰色更浅的纸，相信那里会有米粒吃。只有 30% 的小鸡会坚持自己的选择，继续选择原来那张浅灰色的纸。

最后，苛勒把被试换成黑猩猩和那个 3 岁的女孩，并把米粒换成糖果。结果发现，黑猩猩和女孩会百分之百地选择到那张新添加的、颜色更浅的灰色纸上去寻找糖果。

苛勒认为，被试之所以会选择那张颜色更浅的灰色纸，是因为被试认为获得食物与纸张灰色深浅之间存在关系。这是被试对整体环境中所包含的相对关系做出的反应，而不是对特殊刺激物做出的反应。

苛勒认为，如果在实验中被试总是到放着食物的那张浅灰色的纸上寻找食物，那么就说明学习迁移是由相同的因素引起的。可是事实上，被试在实验中选择灰色更浅的纸张寻找食物，那么就说明被试的学习迁移不是由相同因素引起的。被试经过学习，没有对相同因素做出反应，而是对食物与纸张颜色深浅的关系做出反应。

此外，苛勒还认为，在实验中就连小鸡这样低等智慧的动物都出现了学习迁移和关系转换的现象，对含有关系的整体做出反应，那么就说明关系转换属于原始本能。

延伸阅读

关系转换说是格式塔心理学派所提出的迁移观点。格式塔学派认为学习迁移的关键不在于掌握原理，而是发觉手段与目的之间的关系。

格式塔学派认为，顿悟是学习迁移的一个决定因素，学习迁移不是两个学习情境中的共同原理或因素所决定的，而是学习者突然发现两种学习经验中所存在的某种关系或联系，于是就会出现关系转换现象。也就是说，学习者意识到学习情境中的关系，才会产生关系转换与学习迁移。

❖ 颠倒的世界——大脑纠正实验

我们如何与外部世界建立联系，又如何从外部世界获得信息？这一切都需要用到我们的感觉器官，如听觉、视觉、触觉等。这些感觉器官所获得的信息会变成神经信号传递给大脑，只不过这个过程很短暂。其中，眼睛是人类感觉器官中最重要的组成部分，我们大脑中有一半信息是通过眼睛获得的。

为了能让外界物体在我们的大脑中形成一个清晰的影像，我们的眼睛会让从物体反射过来的光线发生颠倒，落到视网膜上。而在视网膜上所呈现出来的物体影像与实际物体正好是相反的，也就是说，我们所看到的世界与真实的世界是完全相反的。可是我们并没有因此而觉得视觉空间有异常。科学家认为，之所以会出现这种现象，是因为我们大脑有纠正作用，因此我们感觉自己所看到的影像是正立着的。

为了证明大脑的纠正作用，美国心理学家乔治·斯特拉顿专门设计了一个实验。实验中，斯特拉顿把自己当作被试，他戴上一副装有反向棱镜的眼镜，这副眼镜具有倒像作用，当戴着这副眼镜看东西时，一切物体在视网膜上所呈现出的影像会给人这样的感觉：整个世界都颠倒了，所有事物看起来都上下颠倒且左右相反。

虽然这副眼镜帮助斯特拉顿把视网膜上的影像纠正了，但是他感觉所看到的事物是颠倒的，这是因为大脑纠正能力的习惯所致。

为了使实验成功进行下去，斯特拉顿只好忍受这副眼镜给自己的生活所带来的不便。开始，斯特拉顿看什么都是反的，如他想伸手去捡起地上的东西，却看到自己把手伸向了天花板；看到椅子也不敢坐，因为他看到的椅子正四脚朝天；当他写东西的时候，明明是按照从左往右的顺序，但是他所看到的却是自己从右往左写的字。

三天以后，斯特拉顿那种不适应的状态得到了改善，因为他已经掌握了某种规律。到了第八天的时候，斯特拉顿那种颠倒的感觉已经消失，他大脑中对视网膜的纠正作用已经不再起作用了。于是，斯特拉顿就把这副眼镜摘掉了。这时，斯特拉顿又看到了一个颠倒的世界。不过经过几天的适应与训练之后，视网膜的纠正作用重新开始运转，他又看到了一个正常的世界。

延伸阅读

周围环境会对人类的心理与行为形成一种制约作用，这种作用主要体现在我们的心理机能对环境的适应上，这点与认知失调十分相似。当认知无法适应目前的环境时，你只有两种选择：一种是改变环境，让环境适应你；另一种是改变自己，让自己适应环境。显然，对于大多数人来说，后者要容易得多。

虽然呈现在我们视网膜上的影像与实际物体是相反的，但是我们的大脑为了适应，会进行一定的纠正。如果没有大脑的纠正作用，那么我们就要生活在一个颠倒的世界中，这将会给我们的生活带来极大的不便。

❖ 一分为二的意识——催眠实验

美国心理学家希尔加德做过一项有关催眠的实验。首先，希尔加德会让被试进入催眠状态。当确认被试已经被催眠之后，希尔加德会告诉被试："你的左手将感觉不到任何一点儿痛感。"被试接受这一暗示后，希尔加德会把被试的左手放进冰水之中。

通常情况下，人一旦接触到冰水，数秒钟之后就会有疼痛的感觉，但是希尔加德观察到被试并没有疼痛的表情。于是，希尔加德问被试："你感觉到自己的左手疼痛吗？"被试的回答是："不痛。"最后，希尔加德告诉被试："你的右手边有一个按钮，如果你感觉自己的左手疼痛，就用右手按按钮。"这时不可思议的现象出现了，被试告诉希尔加德自己的左手不痛，但是右手却在按按钮。

希尔加德对实验现象的解释是，被试之所以会回答自己不痛，是因为他受到了实验者的暗示，这种暗示下的意识经验是被扭曲的，是不真实的。而被试之所以会用右手去按按钮，是被试自己真实感受的表达。这个实验结果说明，人在催眠状态下，意识是被一分为二的。

希尔加德的这项实验一共招募了 500 个成年人。通过对这 500 人的催眠，希尔加德发现，并不是所有人都可以被催眠，进入催眠状态的人被催眠的程度也是不一样的。例如，在这 500 个被试中，有 25% 的人可以轻松进入催眠状态，有 10% 的人可以进入深度催眠状态，有 10% 的人根本无法进入催眠状态。

延伸阅读

在心理治疗中，催眠术是一种经常被运用的治疗方式。在许多人眼中，心理学是非常神奇的，而催眠术就更加神奇。那么，催眠术到底是怎么回事儿呢？心理学家投入大量精力进行研究，但是依然没有得出一个权威的结论。有人认为，催眠术可以帮助人们了解潜意识；有人认为，催眠是一种恍惚间似睡非睡的状态；有的人甚至觉得催眠术其实就是一种巫术，没有科学道理可言。不论人们怎样看待催眠术，它的作用却是不容置疑的，因为在催眠状态下人们最容易接受暗示，这种暗示往往可以产生较好的治疗效果。

希尔加德根据这个实验，针对催眠提出新的见解，即在催眠状态下的人的意识被分离成两个层面。第一个层面是被试接受催眠暗示之后所产生的一切新的经验；第二个层面往往隐藏在第一个层面的背后，是没有被接受催眠者意识到的经验。

也就是说，第一个层面是催眠师给予被催眠者的暗示，这种经验有可能是扭曲的、不真实的，同时这一层面的意识可以和外界发生交流。第二个层面的意识是被催眠者自己的真实感受，只不过由于催眠师的暗示而被隐藏起来。希尔加德把第二个层面的意识称为“隐秘观察者”。

❖ 人脑与电脑的较量——人工智能实验

计算机是第三次科技革命的产物，它的出现给人们的生活带来极大的便利，同时也带来了许多问题。其中一个问题就是，计算机是否能像人类一样具有智慧？关于这个问题，计算机理论的先驱者艾伦·图灵已经做过实验。

在图灵所设计的实验中，假设一个人和一台计算机同时接受另一个人的测验。其中，测验者与被测验者相隔一段距离，只用电传打字机相互联系。如果测验者在测试过程中不能分辨出哪个是人、哪个是计算机，那么就说明我们已经制造出了像人类一样具有智慧的计算机。这项实验被称为“图灵测验”。迄今为止，还没有一台计算机能够通过图灵测试。

因此，心理学家一般认为，计算机是不可能像人类一样拥有真正的推理与解决问题的智慧。有些智能机器只是看起来更智能一些罢了，并不拥有真正的智慧，更不会像人类一样拥有自主意识。也就是说，智能机器只会计算而不会创造。这种智能机器与人类相比的优势在于，它们不像人类一样拥有感情和情绪，所以不会受到情绪的影响。

延伸阅读

1997 年 5 月 11 日，国际象棋大师卡斯帕罗夫在美国曼哈顿的一栋大厦里参加一场比赛，卡斯帕罗夫的对手是一台名叫“深蓝”的计算机。其实，卡斯帕罗夫与深蓝交过手，他当时以 4 比 2 的成绩赢得了比赛。“深蓝”计算机自从那次失败以后，就被研制公司拿回去进行了一年多的改进。改进后的深蓝计算机被换了一个名字——“更深的蓝”，继续向卡斯帕罗夫发出挑战。这一次，“更深的蓝”胜利了，卡斯帕罗夫以 2.5 比 3.5 输了比赛。

卡斯帕罗夫输掉比赛让人类的尊严受到了极大的挑战，有些人甚至认为将来有一天计算机一定会取代人类的地位。但是，卡斯帕罗夫在与“深蓝”下棋的时候，觉得“深蓝”的下棋方式与人类不一样，因为“深蓝”似乎缺乏一种直观把握全局的能力。经过改造后的“更深的蓝”运算能力更强了，但是脑功能依然无法与人类相比。心理学家认为“更深的蓝”的脑功能与老鼠差不多。

❖ 解决问题的障碍——功能固着实验

在日常生活中，我们往往会出现一些思维定式。例如，有一个小孩对父亲说：“爸爸，苹果里有星星。”父亲不以为然。小孩以实际行动进行证明，他把苹果拦腰切开，父亲一看，苹果核果然形成一个五角星。但是，让父亲更惊奇的是小孩切苹果的方式，因为我们通常是竖着切，那样苹果核是不可能形成五角星的。

当你去问一位画家：“你手中的画笔是用来干什么的？”当你去问一位军人：“你手中的枪炮是用来干什么的？”当你去问一位农民：“你手

中的镰刀是用来干什么的？”你得到的答案很有可能是：画笔是用来画画的，枪炮是用来打仗的，镰刀是用来收割庄稼的。但是如果拿以上相同的问题去问一些儿童，那么你将会得到五花八门的答案。心理学家卡尔·登卡尔很早就注意到这个问题，并且进行了相应的实验。

在实验中，登卡尔先把被试带入一个事先准备好的房间内，这个房间中放满了乱七八糟的杂物。然后，登卡尔让被试完成一些任务，但是房间内没有一样东西适合完成这些任务。

登卡尔设计这项实验的目的就是观察被试在什么样的情况下，会把一种或者多种可以拿到的东西用作其他用途。

例如，在一项实验中，登卡尔给被试准备的东西有蜡烛、胶条、纸夹、几张纸、绳索、铅笔、3个空的小纸箱等。然后，登卡尔告诉被试：“我们接下来需要进行一项视觉实验。你们的任务就是把3支蜡烛安装到门上齐眉高的地方。”之后登卡尔就会自行离开，到被试看不到的地方默默观察被试的举动。

登卡尔注意到，被试首先会在房间内胡乱翻动一番，然后就会发现没有东西可以直接帮助自己完成这项任务。于是，被试开始重新思考房间内物体的用途。最终，被试会发现解决问题的方案，即把3个纸箱子贴在门上，并且用它做支撑，把蜡烛放上去。实验结果表明，只有86%的被试在规定时间内完成了该任务。

登卡尔把实验中被试出现的这种常见且十分严重的解决问题的障碍称为“功能固着”。当一个人在解决问题的时候，如果认定一个物体的专有功能，那么想让这个人发现该物体的其他功能将是十分困难的。

延伸阅读

有一个书生寄宿在寺庙中读书，但是他每天都不务正业。有一天，书生玩累了回寺庙休息。到了自己的房间后，书生对书童说：“给我拿一本书来。”于是，书童递给他一本《文选》，结果书生说：“太薄。”

书童只好再去拿书，这次递给书生一本《汉书》，书生还是说：“太薄。”书童又去拿书，这次书童递给书生一本《史记》，书生说：“还是太薄。”

庙里的和尚看到十分吃惊，于是问道：“这三本书，只要熟读其中一本，都称得上是饱学之士。但是你却连连嫌薄，这是为什么？”书生一笑回答道：“没什么，我需要午睡，只是拿书来做枕头罢了，三本加起来自然也嫌薄。”

这个故事本来是为了讽刺不读书的书生，但是如果我们从“功能固着”理论去看的话，这个故事就是在讽刺那个和尚了。因为书除可以用来看之外，还可以有其他用途。

第二章

为人类奉献的动物们
——动物心理经典实验

❖ 流哈喇子的狗——经典条件反射实验

巴甫洛夫得到了俄国一位具有公益精神的商人的资助，在彼得格勒医学实验研究中心建立了一个特殊的实验室。实验室内所有外界刺激都被安全地隔开，巴甫洛夫就在这个特殊的实验室内完成了著名的经典条件反射实验，而实验的对象是一条狗。

巴甫洛夫做这项实验的目的是研究唾液在消化中的作用。在实验刚开始的时候，巴甫洛夫会把可以吃的东西和不可以吃的东西都放到狗的嘴巴中，然后观察狗唾液的分泌。为了更准确地测量唾液量，巴甫洛夫给狗做了一个手术，在狗的面颊处划开一个小口子，并且插入一根导管，专门用来收集狗所分泌的唾液。

经过一段时间的实验观察，巴甫洛夫发现，当狗被喂流质食物时会分泌较少的唾液，而换作较干的食物时会分泌出较多的唾液。巴甫洛夫认为，狗吃到食物就分泌唾液是一种无条件反射，而且不用经过后天的学习。

但是，巴甫洛夫发现了一个与自己预期相反的现象，那就是狗即使没有吃到食物，也会分泌一定的唾液。例如，闻到食物的香味、看到原先盛着食物的容器等。甚至有时当狗看到喂食的人或是听到喂食人的脚步声，也会出现分泌唾液的现象。针对这一现象，巴甫洛夫决定深入研究，以解释产生这种现象的原因。

巴甫洛夫在每次喂狗之前，会先敲打节拍器，然后再给狗吃东西。经过多次的实验后，巴甫洛夫发现，即使自己不给狗提供食物，只要狗一听到节拍器的敲打声也会分泌出唾液。巴甫洛夫因此提出了“条件反射”的概念。

巴甫洛夫认为，狗之所以一听到节拍器的敲打声就会分泌唾液，是因为在长时间的经验总结中，狗已经把食物与节拍器联系到一起，所以在接收到节拍器的敲打声这一信号刺激后就会自动分泌出唾液。

无条件反射是与生俱来的，就好像狗吃到食物会分泌出唾液一样，不需要后天学习。而条件反射正好相反，是经过后天的学习所产生的。例如，有牙疼经历的人，在闻到牙科诊所的味道后就会有牙疼的感觉，这是因为他已经把牙疼与牙科诊所的味道联系在一起。

巴甫洛夫还给狗喂一些柠檬汁之类的酸性溶液，这种酸性柠檬汁溶液实际上就是无条件刺激，在这种刺激下，狗出现了无条件反射，即分泌出大量唾液。与此同时，巴甫洛夫还会让狗闻香草的气味。这种刺激进行 20 多次后，巴甫洛夫开始只给狗提供香草气味，结果狗一闻到这种气味就分泌出大量的唾液。其中，这种香草的味道被认为是条件刺激，而狗分泌唾液的反应被认为是条件反射。

巴甫洛夫的这一实验立刻在心理学界引起了巨大的轰动，并为行为主义心理学的诞生打下了坚实的基础。心理学家斯金纳的操作性条件反射实验以及华生的小阿尔伯特实验都是建立在巴甫洛夫经典条件反射实验基础上的。

尽管巴甫洛夫为心理学的发展做出了巨大的贡献，但是他本人并不是研究心理学出身，也不承认自己是心理学家。他是俄国著名的生理学家，而且在消化过程领域获得了诺贝尔奖。巴甫洛夫所生活的时代，心理学刚刚诞生，还很年轻，甚至不被划分到科学的研究领域。所以对巴甫洛夫来说，从生理学转入心理学领域是一个十分冒险且令人为难的决定。

延伸阅读

经典条件反射理论在许多领域都可以运用。20世纪70年代，一些牧场就开始使用这一理论来避免食肉动物对家畜的捕食，而且遵守了政府不捕杀食肉动物的规定。

人们首先给狼吃一些含有少量氯化锂的羊肉，这些羊肉不会导致死亡，但是却会让狼感到很不舒服，出现头晕和恶心的感觉，甚至会呕吐。这是一种无条件反应，是天生的。

经过反复提供含有氯化锂的羊肉后，人们会主动把狼放进羊群之中，起初当狼看到羊之后，会攻击羊群。但是当狼一闻到羊身上的味道后，就会停止攻击。因为狼只要一闻到这种味道，就会有头晕和恶心的感觉，这是条件反射的现象。为了逃避这种不适应的感觉，狼只要一闻到羊身上的味道就会逃跑。

巴甫洛夫的经典条件反射还被应用到医学中。心理学家阿德和库恩曾经在小白鼠身上进行过类似的实验。小白鼠很喜欢喝糖水，于是他们就为小白鼠提供糖水，并且把小白鼠喝糖水与注射减弱免疫系统能力的药物联系在一起。过了一段时间后，阿德和库恩不再给小白鼠注射减弱免疫系统能力的药物，而只是给小白鼠提供糖水，结果发现那些小白鼠已经形成了条件反射，自身的免疫力自动减弱。

❖ 斯金纳箱——操作性条件反射实验

斯金纳是一位著名的行为主义心理学家，他的一生硕果累累，其中最著名的就要数操作性条件反射实验。

斯金纳在进行操作性条件反射实验时，首先设计了一个箱子，也就是斯金纳箱或条件反射箱。斯金纳箱的设计原理十分简单，由一个笼子或箱子组成，里面放着一个碟子或托盘用来盛放食物。斯金纳可以随时控制对动物供给的食物。

起初，斯金纳是用老鼠来做实验的。刚开始老鼠并不知道该如何获取食物，但是长时间的经验告诉老鼠去操纵杠杆来获取食物。斯金纳认为鸽子也是最佳实验对象。因为经过一段时间的训练后，鸽子会用嘴啄击杠杆来获取自己想要的食物。

实验初步结束后，斯金纳决定对实验步骤进行改革。斯金纳去除了箱子中只要经过触碰就能获得食物的设置，而是把食物分发器设定为每隔 15 秒就会出食物，而且不管鸽子当时正在做什么。

斯金纳挑选了 8 只鸽子，这些鸽子一直处于饥饿的状态。斯金纳之所以这么做，是为了增强鸽子寻找食物的动机。经过一段时间的实验，斯金纳发现 8 只鸽子中有 6 只鸽子出现了明显的变化。这 6 只鸽子会在获得食物之前做一些怪异的动作。例如，有的鸽子会逆时针转圈；有的鸽子会把头放在一根杆子下面反复地抬起杆子；有的鸽子会左右摆动自己的头和身体，就好像钟摆一样；有的鸽子会不断地用嘴巴啄击箱子的某处。

鸽子的这种行为是在箱子中形成的，在此之前它们根本不会有这样的举动。在我们看来，鸽子获取食物的时间是被规定好的，不论它们有什么样的举动，都会每隔 15 秒就获得食物。但是从鸽子的行为举动来看，鸽子并不这么认为。鸽子已经把获取食物与做动作建立起联系，它们认为只要自己做出一定的动作，就能获得食物。

这次实验结束后，斯金纳想知道如果把供给食物的时间间隔拉长会发生什么。这次的实验，斯金纳只选择了 6 只鸽子中一只会摇头的鸽子，且把时间间隔由之前的 15 秒拉长至 1 分钟。

结果斯金纳发现，鸽子并没有因为时间拉长而沮丧，反而表现得十分活跃。在这间隔的 1 分钟内，鸽子会精力充沛地做很多动作，就好像在跳舞一样，斯金纳把鸽子的动作取名为“鸽子用餐舞”。

斯金纳认为，鸽子的这种行为实际上是“迷信”，即斯金纳通过自己的实验得到了 6 只“迷信”的鸽子。鸽子“迷信”地认为，自己的动作与食物供给之间存在因果联系，想要获得食物就必须做好动作。但是事实上，这种因果联系并不存在。

斯金纳认为这个实验可以很好地解释人类的迷信行为。在远古时代，人类很容易出现迷信，因为人们像鸽子一样喜欢把两件没有联系的事情联系在一起，并且构成所谓的因果联系。

例如，一个人被闪电劈死了，这本来是自然界中一种很常见的现象，但是人们会联系到这个人的人品。如果这个人的品德十分败坏，那么人们就会迷信地认为这个人之所以会被闪电击中是因为品德败坏，把品德与闪电击中变成一种因果联系。当这种现象发生很多次以后，人们对于这种因果联系的认识会逐渐得到强化，这种强化会使人越来越相信毫无联系的两件事情是有联系的，而且联系密切。

斯金纳为了消除鸽子的“迷信”行为，开始停止箱子中供给食物的设置，也就是说，不论鸽子做出什么样的动作，都不会得到食物。在这种强化消失后，鸽子们的“迷信”行为也渐渐消失了。

延伸阅读

斯金纳是一个激进的行为主义者，他认为人类所有的心理现象都是行为的。斯金纳还认为，不管一个人的行为是内部的还是外部的，都可以由它产生的环境后果来解释。

作为彻底的行为主义者，有关斯金纳的流言并不少。心理学家斯莱特在《打开斯金纳的箱子》一文中提到，斯金纳为了证明自己的理论，居然拿自己的女儿德博拉做实验。德博拉每天有几个小时必须待在父亲设计的一个封闭环境中，就好像一个箱子一样。在这个环境中，德博拉所有的一切都按照斯金纳的需要控制和塑造。两年之后，德博拉为了逃避这种精神痛苦，向法院起诉斯金纳，并在败诉后开枪自杀。在这篇文章的影响下，大多数人都认为斯金纳是一个没有人性的心理学家，应该受到谴责。

事实上，斯金纳的女儿德博拉是一个艺术家。德博拉说，在她还是一个婴儿的时候，曾经待在父亲设计的育婴箱中，那个箱子中严格控制温度、湿度和噪声，而且还有许多玩具，十分适合婴儿。德博拉为了谴责斯莱特还公开发表声明："我不是一只实验室里的老鼠。"

❖ 一条无助的狗——习得性无助实验

1967 年，美国心理学家塞利格曼养了一只狗，但是这只狗并不是他的宠物，而是实验品。通过这项实验，塞利格曼提出了一个著名的心理学理论——习得性无助。习得性无助是指当一个人经历重复的失败和惩罚后会自动放弃抵抗，形成任人摆布的行为，这是一种对现实无可奈何的行为和心理状态。

塞利格曼把这条可怜的狗关进一个笼子中，并且不断地对狗施以电击，同时还伴随着蜂音器的响声。狗被电击后很痛苦，为了摆脱这种被电击的痛苦，狗会努力挣脱牢笼，但是笼子被锁上了，狗的任何挣扎都是徒劳的。于是，狗只能在笼子那个方寸之地中狂奔和痛苦哀嚎。但是狗的这副可怜相并没有博得塞利格曼的同情，实验依旧继续着。经过一段时间后，只要蜂音器一响，即使塞利格曼没有对狗施以电击，狗也会出现被电击的痛苦感受，只是不再像初次被电击那样反应强烈，而是趴在地上痛苦地呻吟。

后来，塞利格曼打开了笼子的门。这时狗完全可以离开这个让它痛苦的笼子，可是狗并没有这样做，它依然趴在那里。为了让狗能逃出笼子，塞利格曼开始继续对狗施以电击，希望狗在痛苦之下走出来。但是塞利格曼惊奇地发现，狗依然会趴在那里痛苦地呻吟，但是不会逃出笼子。

塞利格曼认为，狗之所以不会逃出笼子，是因为它已经在多次的失败中滋生出绝望和无助的情绪，这种情绪让狗放弃继续挣扎和努力的冲动，反而接受了痛苦的现状。

1975 年，塞利格曼把习得性无助的实验扩展到人的身上。他挑选了一些大学生作为实验对象，并且把这些大学生随机地分成三个小组。第一组大学生会被安排听噪声，不论他们做出什么样的举动，都不会让噪声消失；第二组大学生也会被安排听噪声，不同的是，他们可以通过自己的努力使噪声停止；第三组大学生比较幸运，他们被安排在一个安静的环境中，没有噪声的干扰。

当大学生在各自的环境中待了一段时间后，会被安排进行实验的下一个步骤。这个步骤中增添了一个实验设置，即手指穿梭箱。当大学生把手放到手指穿梭箱的一侧时，就会听到令人烦躁的噪声。但是当他们把手放到手指穿梭箱的另一侧时，这种噪声就会消失。

实验发现，第二组和第三组的大学生在听到噪声后，都会试图结束噪声，把手移到手指穿梭箱的另一侧。但是第一组大学生在听到噪音后显得有点儿无动于衷，他们不会把手放到手指穿梭箱的另一侧结束噪声的干扰，而是让噪声继续响下去。塞利格曼认为，第一组大学生已经产生习得性无助心理，所以才会出现这种行为。

塞利格曼用这个实验证明，习得性无助的心理和行为不仅存在于动物身上，人类身上也一样存在。

延伸阅读

在印度一个马戏团中，大象深得游客们的喜爱，但有的大象会被一条细细的铁链锁着。游客们看到这根铁链很困惑，因为对于大象这种强壮的体格而言，那根铁链根本困不住它，这不过是大象主人掩耳盗铃的行为罢了。如果大象真的想逃走，早就挣断铁链了。

实际上，这并不是一种掩耳盗铃的行为，而是主人对大象习得性无助心理的利用。在大象小的时候，主人为了让它们为自己挣钱，每天都会严格训练小象。面对这种残酷的训练，小象自然很想念大自然中自由的生活，所以小象就想逃走，离开马戏团。小象的主人自然知道小象的心思，于是就用一根铁链把小象锁了起来。

小象的体格不如成年大象健壮，所以挣脱铁链的束缚对小象而言是几乎不可能实现的事情。小象挣扎过也努力过，但是都以失败而告终。久而久之，小象产生了习得性无助心理，认为即使自己再努力，也不可能摆脱铁链的束缚，所以渐渐放弃了。

后来，小象长大了，成为一只体格庞大的成年象，拥有强大的力量，那根细细的铁链早已不是它的对手，但是它却从来没有挣扎过。因为大象认为那是不可能的，是徒劳无功的。大象的心理状态依然停留在年幼时期。

❖ 对温柔的依赖——猴子依恋实验

当母亲喂养婴儿时，婴儿的基本生理需求会得到满足，而且会因为亲密接触，双方之间的爱得到强化。但是，爱是母亲在喂养婴儿时的副产品，还是通过亲密接触产生的呢？发展心理学家亨利·哈罗很想通过实验弄清楚这个问题，但是由于伦理道德的影响，哈罗不可能用人做实验。所以，哈罗开始用动物做实验，而最佳的实验对象是恒河猴。

恒河猴生活在亚洲地区，是猕猴中的一种，它在许多方面都与人类相似。猕猴与人类基因的相似度为93%，而黑猩猩与人类基因的相似度高达98%。换句话说，黑猩猩是人类的“近亲”，而猕猴则是人类的“远戚”。早在2500万年前，猕猴等灵长类动物在生物进化的道路上就与人类分道扬镳。也就是说，猕猴比黑猩猩在进化上距离我们更遥远。但是，在研究人类病理性基因的时候，通常会在猕猴身上进行实验，而不是黑猩猩。

正是因为基因的相似性，所以哈罗才选择恒河猴作为自己的实验对象。哈罗认为，幼猴的成长除基本的生理需求外，还需要满足其心理需求。

哈罗在研究猴子的成长历程时，发现了一个有趣的现象。哈罗把幼猴关在一个笼子中喂养，每天都会给幼猴提供牛奶，但是这些幼猴并没有母猴的陪伴。在幼猴生活的笼子中，有一个棉垫子。当哈罗为猴子清理笼子的时候，发现幼猴会紧紧地抓住那个棉垫子。当哈罗把棉垫子拿走的时候，幼猴会十分愤怒，拼命地把棉垫子夺回来，而且会对哈罗产生很深的敌意。据哈罗观察，对幼猴而言，装有牛奶的瓶子远远没有棉垫子重要。因为当幼猴正在吃奶的时候，哈罗夺走幼猴的奶瓶子，但是幼猴只是咂咂嘴，并没有过激的反应。

哈罗认为，幼猴之所以会出现这种举动，是因为那个棉垫子对幼猴来说是感情的寄托。因此，对幼猴来说，感情的需要和基本的生理需要一样重要，甚至更强烈。为了证明这个猜测，哈罗决定设计一个实验。

哈罗找来8只幼猴，随机把它们分成两组，关在不同的笼子中，并且制作了两只假母猴，作为幼猴的“代理母亲”。其中一只假母猴是木头制成的，木制母猴的表面覆盖了一层柔软的皮毛，就好像猴子的毛发一样；另一只假母猴是铁丝制成的，表面不是毛茸茸的，而是光滑的。哈罗还在这两只假母猴的身上安装了奶瓶和灯泡，为幼猴提供牛奶和温暖。

经过一段时间的实验，哈罗发现由木制母猴抚养的幼猴健康状况良好，但是由铁丝母猴抚养的幼猴健康状况令人担忧，因为幼猴不仅很瘦小，还容易出现拉肚子的现象。

实验人员给两个笼子中的幼猴所提供的食物是一样的，也就是说，影响幼猴健康状况的并不是生理方面而是心理方面的因素。哈罗认为，木制母猴可以让幼猴产生接触感，从而满足幼猴对母猴的依赖心理，所以幼猴才能健康成长，但是铁丝母猴却无法满足幼猴的依赖感。

后来，哈罗把这 8 只幼猴都放在同一个笼子中。哈罗发现，所有的幼猴只要一空闲下来，就会偎依到木制母猴那里。即使有的幼猴在需要吃奶的时候不得不离开木制母猴，但在吃完奶之后会立刻回到木制母猴身边。

哈罗还发现，有时幼猴们会离开木制母猴去玩耍。但是，只要幼猴一遇到令自己恐惧的事情，它们会马上跑到木制母猴那里，似乎想要从木制母猴那里寻求安慰。

后来，哈罗把这些幼猴带到一个陌生的环境中，这里摆满了幼猴感兴趣的东西。但是，哈罗发现，幼猴根本无法适应这个新环境，它们显得十分焦虑和恐惧。

为了安慰幼猴，哈罗把木制母猴放到新环境中。结果他发现，幼猴们纷纷跑到木制母猴这里寻求安慰。过了一会儿，幼猴们的情绪渐渐稳定下来，开始观察周围陌生的环境，还发现了许多有意思、好玩的东西，于是就开始兴趣盎然地玩耍起来。

但是哈罗注意到，当幼猴玩耍的时候，会时不时地看向木制母猴，好像确定木制母猴有没有离开一样。当幼猴看到木制母猴依然在那里时，会继续安心地玩耍；当幼猴发现木制母猴不见了，它立刻会停止玩耍，开始寻找木制母猴，找不见时就会陷入焦虑和恐惧之中。哈罗认为，这是一种缺乏安全感的表现。

通过这个实验，哈罗认为，对于一个婴儿而言，与母亲的亲密接触和依赖十分重要。如果没有这些，婴儿是无法健康成长的，而且会影响其爱的能力和与人接触的能力。最终哈罗认为，爱源于接触而非食物。

延伸阅读

在一所孤儿院中，孩子们生活得十分不快乐，根本没有他们这个年龄应该有的欢声笑语。孤儿院的老师和负责人想了许多办法试图解决这个问题，但是效果都不明显。

后来一位心理学家来到这所孤儿院，他想出了一个解决办法，那就是让一些幼儿园中的孩子来这个孤儿院居住一段时间，并且让幼儿园的孩子每天都拥抱孤儿院的孩子。

过了一段时间后，孤儿院中孩子的情绪明显改善了不少，开始变得活泼开朗。而他们之所以会有这种改变，是因为幼儿园孩子的拥抱，拥抱的动作满足了他们对爱的需要和渴望。正如亨利·哈罗所说的，爱源于接触而非食物。对于一个人的成长而言，爱是必不可少的。

❖ 小鹅找错了母亲——印刻效应实验

在小鹅破壳而出的时候，它第一眼通常会看到自己的母亲，然后牢牢记住母亲的样子和味道，在以后的生活中，会紧紧跟随在母亲身后。所以，我们经常会看到一只鹅后面跟着一群小鹅，这是自然界一种非常正常的现象。

这种跟随母亲的反应可以用巴甫洛夫的无条件反射来解释。跟随行为属于先天性的，不用后天学习就会。这是因为小鹅跟随在母亲身后可以得到很好的照顾和保护，以保证自己安全长大，不会被伤害。这种跟随现象就成为所有鹅传宗接代、维持种族延续所必不可少的遗传本领。

遗传的无条件反射是一条宽敞且自动化的神经通道，而且是生来就具备的本领。例如，婴儿一生下来就会吮吸，而不用后天学习，就是为了保障自己的生存。

但是，跟随行为的无条件反射神经线路有一个特点，它需要一个表象作为连接点，之后才会出现一系列的行为反应。例如，小鹅需要看到母亲这一表象之后，才会出现跟随的行为反应。

1910年，德国行为学家海因罗特在一次实验中发现了一个有趣的现象。海因罗特发现，如果小鹅第一眼看到的不是母亲，而是其他可以活动的物体，如一只狗、一只猫或是一只可以行走的玩具鹅，小鹅都会跟在它身后，并且将它视为自己的母亲。

海因罗特还发现，小鹅的这种行为是不可逆转的。也就是说，小鹅只会认第一眼看到的母亲，而第二眼所看到的一切似乎都和它无关。这种现象就是所谓的印刻效应。

延伸阅读

德国习性学家洛伦兹认为，这种印刻效应不仅存在于低等动物之中，也同样会对人类产生影响。例如，每个人对最初接触的信息和人都有十分深刻的印象。

澳大利亚比较行为学家劳伦兹指出："初生婴儿从外界获得信息和影响具有决定性的意义。人类和动物刚刚诞生时的学习会表现出印刻的现象。"例如，一个婴儿在刚刚学会听声音和看东西的时候，就被安排在一间安装大电视的房间内，那么他就会牢牢记住电视所发出的声音和出现的画面，婴儿的头脑中就被印刻上了电视的痕迹。这样一来，婴儿对母亲的声音将不感兴趣。即使母亲把看到的东西讲给他听或是唱歌给他听，都不如电视的效果好，甚至会出现无动于衷的表现。这说明孩子已经对电视产生了印刻效应，纠正起来会很困难，而且如果不加以纠正，孩子将来可能会出现心理障碍。

但是，有人却认为印刻效应同样适用于人类的结论是错误的。例如，小鹅出现印刻效应是一种无条件反射的结果，需要一定的视觉能力和运动能力，但是人类的婴儿却不具备这些能力。

❖ 脑海中的认知地图——老鼠走迷宫实验

加利福尼亚大学的心理学家爱德华·托尔曼是认知行为主义的创始人，他认为不仅人类存在着极其复杂的内在认知活动，就连老鼠也存在。例如，当你要去某地时，你的脑海中会呈现出到达目的地的线路图。在托尔曼看来，这个线路图就是你脑海中的认知地图。为了证明自己的猜想，托尔曼专门设计了两个实验，也就是所谓的老鼠走迷宫实验。

第一个实验被称为潜伏学习实验。实验中，老鼠们被随机分为三组。第一组老鼠每天都可以在迷宫的出口处获得食物；第二组老鼠只从第 11 天起才会在迷宫出口处获得食物；第三组老鼠没有任何奖励。

实验结果是，第二组和第三组的老鼠在没有得到奖励的那些天，走迷宫一点进步也没有，总是频频出错。而第一组老鼠进步飞快，只需要两周的时间就可以准确地找到迷宫的出口，获得属于自己的奖励——食物。第二组老鼠在第 11 天获得食物奖励后，走迷宫的准确度开始迅速地提高，因为老鼠们发现在迷宫的出口处有可口的食物，而它们想要尽快地吃到食物。于是，这个小组的老鼠在之后仅仅 3 天的时间内就学会了如何尽快地走出迷宫。

托尔曼认为，第二组老鼠之所以进步这么快，是因为在前 10 天走迷宫的过程中，它们所学习到的东西比表现出来的要多得多。也就是说，老鼠在自己的脑海中构建一幅如何走出迷宫的认知地图。虽然第二组老鼠的脑海中已经有了迷宫的地图，但是它们前 10 天的进步并不明显，托尔曼认为这是因为它们没有动机。

当第 11 天，第二组老鼠走出迷宫时，意外地获得了食物。因此，在第 12 天走迷宫的时候，老鼠们就有了动机，也就是走迷宫的动力。于是，老鼠们开始利用脑海中已经构成的认知地图，决定以最快的速度获得食物。所以，这个小组的老鼠进步得很快，仅仅 3 天就可以准确且快速地走出迷宫。

托尔曼的第二个实验被称为“空间定位实验”。在这个实验中，老鼠们只有在迷宫之中四处奔跑，才能找到食物的具体位置。这次实验与第一次实验的不同之处在于，老鼠们所走的迷宫结构在不断地变化，而第一次实验中老鼠所走的迷宫一直只有一种结构。

托尔曼设计这个实验的目的是证明老鼠走迷宫是为了掌握食物出现的位置与老鼠出发地之间的关系，与迷宫结构的变化并无太大关系。

首先，老鼠被安排进入一个简单的迷宫，开始走迷宫找食物。经过 12 次的反复训练，老鼠终于可以准确快速地走出迷宫，找到食物。这说明在老鼠的脑海中已经形成一个固定的认知地图。

接下来，这些受过训练的老鼠被安排进入另一个构造不同且较为复杂的迷宫。当老鼠们一进入迷宫，就开始按照原来的路线找食物，因为之前的经验告诉它们这条路线是正确的，可以快速找到食物。但是老鼠们遇到了阻碍，因为当它们按照平常的路线行走时，却发现道路被堵上了。

失败后的老鼠马上按照原定路线回到迷宫的入口处，并且开始选择性地走其他路线。也就是说，老鼠想要尽快吃到食物，就必须在几条可能的备选路线中做出选择。当老鼠对这个新的迷宫熟悉后，又被托尔曼带到另一个不同构造的迷宫中。

经过长时间的训练，托尔曼发现，老鼠们在新的环境中能越来越快地找到准确的路线。之所以会出现这种现象，托尔曼认为，老鼠已经在多次的训练中掌握了一幅食物具体位置和老鼠所在位置的更为广泛的综合性地图。也就是说，经过多次的经验总结，老鼠学会了走迷宫，并且找到了走迷宫的诀窍。

在第二个实验中，老鼠脑海中所形成的认知地图比第一次实验中所形成的认知地图更为复杂，因为老鼠不仅仅是简单地记忆走迷宫路线，而是找出走迷宫的规律。

延伸阅读

爱德华·托尔曼通过走迷宫的实验发现了一个有趣的现象。那就是当处于饥饿或是多次失败的时候，老鼠的脑海中所形成的地图就会变得单一，并且很难形成综合性的认知地图。也就是说，那些处于饥饿状态或是经历多次失败的老鼠在第二个空间定位实验中很难形成综合性认知地图，很难迅速地找到迷宫出口处的食物。

托尔曼把这种现象扩展到社会学领域。在人类社会有这样一种现象，那就是地域歧视。例如，有些大城市的居民歧视或者仇视外来者，往大的方面说，就是民族歧视和地域性战争。托尔曼认为，之所以会出现这种现象，是因为这些人处于强烈动机或极度压抑的状态。也就是说，那些出现歧视外来者问题的人是一些生活状况并不如意的人。

托尔曼认为，这种歧视外来者的根源在于那些人没有形成综合性认知地图，他们的脑海中是一幅单一的认知地图。之所以这样，是因为这些人经历了很多的失败和不如意，就好像实验中那些处于饥饿或经历多次失败的老鼠一样。

❖ 如何变得聪明——环境、大脑实验

1785 年，意大利解剖学家马拉卡尼开始研究有关大脑变化的现象。马拉卡尼认为一些特定的经历会引起大脑形态的变化，并最终用实验证

明了这个结论。

马拉卡尼把同一胎产下的几对小狗和同一窝孵出的几只小鸟作为实验对象。他有目的地长期训练每一对中的一只，而另一只则不接受训练，但是会受到很好的照顾。最后，马拉卡尼解剖了这些动物的大脑，结果发现，那些经过训练的动物的大脑更为复杂一些，这些动物的大脑中带有更多的褶皱和沟回。

20 世纪 60 年代，心理学家马克·罗森茨维格和他的同事继续投入此类研究之中。这次，罗森茨维格选择老鼠作为实验对象。

罗森茨维格认为，饲养在单调且困乏环境中的老鼠与饲养在丰富且复杂环境中的老鼠，它们的大脑发育与化学物质等方面会呈现出明显的不同。

在这次实验中，罗森茨维格采用了 12 组老鼠，每一组老鼠都由 3 只同一胎的雄性老鼠构成。这些老鼠被随机地分配到不同的实验环境中饲养：一只老鼠依旧在原来的标准环境中成长；一只老鼠被安排到单调且贫乏的环境中成长；一只老鼠被安排在丰富且复杂的环境中成长。

在标准实验笼子中，几只老鼠生活在足够大的空间中，每天都会有适当的水和食物；在贫乏且单调的笼子中，几只老鼠的生活空间较小，它们被安排在单独隔离的空格中，每天都会有适当的水和食物；在丰富环境的笼子中，老鼠生活在一个摆满玩具的大空间中，每天的玩具种类都在不断变化着，这里简直是老鼠的乐园。

等实验结束后，罗森茨维格和他的同事解剖了老鼠的大脑，并且对大脑的各个部分进行测量、称重和分析。结果发现，生活在丰富环境下和贫乏环境下的老鼠的大脑在许多方面都不一样。

生活在丰富环境下的老鼠其大脑皮层更重、更厚。其中，这些老鼠大脑中的一种化学物质——乙酰胆碱十分活跃，这说明这些老鼠大脑神经细胞中神经冲动传递得更快且更有效率。

经过长达十年的实验研究，罗森茨维格指出："毫无疑问，我们的大脑结构及其化学成分在许多方面会被经验所改变。"

不过，罗森茨维格的这个实验结论遭到了一些人的质疑。质疑者认为，并不是丰富的生活环境使老鼠的大脑出现了变化，而是因为老鼠接受了不同的实验处理。例如，贫乏环境中成长的老鼠面临着被隔离的压力，所以才出现大脑简单的现象。

但是，一些有关解剖又证明了罗森茨维格的实验结论。研究者通过解剖自然死亡的人的尸体发现，当一个人拥有更多的技术能力时，他的大脑的确会变得更重且更复杂。这说明经验真的会改变大脑的构造，如那些盲人的大脑与正常人的大脑就不一样，他们大脑中视觉皮层明显发育不良，而且沟回很少、皮层很薄。

延伸阅读

在许多心理实验中，心理学家们都喜欢选择老鼠作为实验对象。要知道，心理学家更感兴趣的是人类的心理现象而不是老鼠。之所以会选择老鼠有许多种原因。

老鼠的大脑神经与人类有着相似之处，而且老鼠的体格很小，进行实验时会比那些大型的高级哺乳动物要方便许多，最重要的是节约实验空间。有些心理学家往往会因为经费不足而缺乏实验的空间，所以让老鼠做被试最划算。

而且老鼠的繁殖能力很强。这点对于那些家里有老鼠肆虐的人而言苦不堪言，但是老鼠的这个特点却受到了实验者的喜爱，因为实验者可以把同一窝的老鼠分配到不同的环境中进行实验。而且老鼠多了意味着实验品也多了，节约成本，不像用猴子做被试的代价那么高。

在环境、大脑实验中，马克·罗森茨维格之所以会选择老鼠，还有一个很重要的原因，那就是老鼠的脑部十分平滑，不像猴子等高等哺乳动物的大脑中充满了褶皱。这样一来，他在观察老鼠大脑的变化时就会容易得多。

❖ 桑代克的饿猫——刺激—反应联结实验

爱德华·李·桑代克在19世纪末期的时候开始对大量动物的学习情况进行实验研究，其中最著名的实验就是饿猫学习如何逃出迷笼、获得食物的实验。

桑代克把处于饥饿状态的猫关进一个迷笼之中，饿猫可以通过抓绳子或者按按钮的方式逃出迷笼并且获得想要的食物。当它第一次被关进迷笼时，会感到非常茫然，饥饿的肚子以及笼子外美味的食物让这只猫开始盲目地乱撞乱叫，东抓西咬。

经过一段时间后，这只饥饿的猫会在无意间打开笼子，逃出笼外，因为猫做对了打开笼子的动作。但是，这只猫依然不会得偿所愿地吃到食物，因为当桑代克看到猫逃出笼子后，会重新把猫关进笼子中，这种动作会重复很多次。

桑代克除需要时刻警惕猫逃出笼子外，还需要记录下实验开始后猫每次做出打开笼门的正确动作所用的时间。然后，桑代克会把这些数据绘制成图，也就是猫的学习曲线图。这个曲线图表明了猫逃出迷笼所用时间与实验次数的关系。

通过这个实验，桑代克认为猫是在进行尝试错误的学习。也就是说，这只被桑代克关进迷笼中的猫经过多次的尝试错误学会了打开笼门的动作。

桑代克很快把这个实验写成报告，他在报告中表示，他发现了学习类型。最初猫被关进迷笼中所出现的挣扎动作都是盲目的，当猫的某一个盲目动作意外打开了笼子的门，那么当猫再次被放进笼子后，所有其他未成功的动作都消失了，成功逃出笼子的正确动作被保留下来。

桑代克认为，学习情境中的刺激与动物学会做出的反应之间会建立起一种联结，即刺激—反应联结。因此，在实验中，猫学会在这种刺激环境（迷笼的限制）中做出一些能达到预期目的的动作（为了获得暂时的自由，学会打开笼门）。

这种刺激—反应的联结学习方式，是随着动物通过盲目的错误尝试，体验到某种动作能够打开笼门，通过机械的方式自动出现的。桑代克把这种行为与结果之间的联系称为“效果率”，即强调个体对反应结果的感受将决定个体的学习效果。也就是说，如果个体对某种情景下所出现的反应形成可变的联结之后，会出现一种满足的状况，这时这种联结就会加强。如果行为与结果之间的联系是让个体感到厌恶的，那么这种联结就会被削弱。

例如，在桑代克的饿猫实验中，如果某种动作无法打开笼门，达不到自己想要的结果——逃出笼子获得食物，猫就把这种动作（反应）和打不开笼门的结果联系起来，这种联结会让猫感到厌烦从而被削弱。

20 世纪 30 年代，桑代克对于效果率的学习定律进行了进一步考察，发现感到满足比感到厌烦更能增强学习者的学习动力。因此，在桑代克的效果率中，更强调奖励而不是惩罚。

延伸阅读

桑代克是美国著名的心理学家，也是动物心理学的创始人。桑代克在研究动物学习心理的时候，创造了迷路圈、迷箱和迷笼等许多实验工具，实验的对象也有很多，包括鱼、鸡、猫、狗等。1898 年，哥伦比亚大学聘请桑代克为大学评议员，而且为他提供奖学金。就是那个时候，桑代克带着自己训练好的小鸡来到了纽约。

桑代克经过大量的动物实验发现，动物的学习并不具有推理演绎的思维与任何观念作用。也就是说，动物的学习方式是试误式的。所谓试误式，就是通过反复尝试错误而获得学习经验。这种学习方式的实质就是在刺激和反应之间形成一种联结，即刺激—反应联结。因此，这种学习方式也被认为是刺激—反应联结的形成与巩固。

桑代克除研究动物心理学外，还把从动物实验中所发现的种种规律应用到人类学习中，并认为人类学习的可塑性要远远大于动物，行为也更复杂。尽管如此，人类的学习也是基于本能，并且以刺激—反应联结为准则。

桑代克把人类的学习方式分为四类：第一类，普通动物式的形成联结，如10个月大的婴儿学习如何打鼓；第二类，形成含有观念的联结，如两岁大的儿童在听到“妈妈”这个名词后就会联想到母亲的样子，在想到糖的样子后就会说出“糖”这个名词；第三类，分析或抽象，如一个音乐系学生学习对一个声音的倍音产生反应；第四类，选择性的思维或推理，如用有关造句法的各种规律和词根意义来学习一句话的含意。

❖ 消除猫的恐惧——系统脱敏疗法实验

在心理问题的治疗上，有一种疗法被称为“系统脱敏法”。这种治疗方法的创始人是美国著名心理学家沃尔普，他通过对动物的神经性实验研究发现系统脱敏法。

在20世纪40年代末期，沃尔普把一只小猫关进一个铁笼子中，然后制造出一阵非常大的声响。紧接着又对这只猫实施电击刺激。经过多次的实验，沃尔普发现，只要他一制造出巨大的声响，即使不对笼子中的小猫实施电击，那只猫也会出现类似被电击过的自主神经性反应。

接下来，沃尔普对这只猫实行了禁食。沃尔普饿了这只猫几天之后，就把猫关进之前进行电击的那个铁笼子中。在这个铁笼子中，有猫最喜欢吃的食物——鲜鱼。

沃尔普发现，虽然这只猫已经饥肠辘辘，但就是不肯吃鱼。沃尔普认为，这是电击给猫留下了心理阴影。于是，沃尔普把鲜鱼放在笼子的外边和附近，可是那只猫依然对这条诱人的鱼无动于衷。

沃尔普对这种现象的解释是，猫不肯吃鱼是因为受到周围环境的影响。因为这只猫曾经在铁笼子这个环境中遭受过电击，所以猫对铁笼子甚至是铁笼子周围的环境都产生了广泛的防御性条件反射。沃尔普给这种现象起了一个名字，即实验性神经症。

沃尔普决定，接下来采取一系列措施来帮助这只猫克服实验性神经症的影响。首先，沃尔普把猫放在距离铁笼子很远的地方，但是它依然能够看到铁笼子。然后，沃尔普开始观察这只猫的反应。沃尔普注意到，这只猫出现了轻微的焦虑、恐惧反应。接着，沃尔普用鲜鱼诱惑猫。结果，这只猫只是在刚开始的时候拒绝进食，过了一会儿就恢复了正常的状态，并且开始享受鲜鱼的美味。

等猫下一次进食的时候，沃尔普会把这只猫的位置挪得距离铁笼子更近一些。沃尔普观察到，这只猫只是出现了轻微的焦虑和恐惧反应。然后，沃尔普用鲜鱼诱惑猫。与上次一样，起初这只猫拒绝进食，但是过了一会儿就恢复正常状态，并且开始吃鱼。

沃尔普就是通过这种方式让这只猫渐渐地接近那个曾经给过它巨大痛苦的铁笼子，最后回到那个铁笼子中。当这只猫重新回到铁笼子里的时候，之前的实验性神经症已经完全消失。猫不仅可以正常地在这个铁笼子里生活，连进食障碍也没有了。也就是说，沃尔普治好了这只猫的焦虑恐惧症。

通过这项实验，沃尔普总结出，这只猫之所以对铁笼子不再感到恐惧和焦虑，是因为每次在接近铁笼子的时候，饥肠辘辘的它都会得到一条新鲜可口的鱼。在吃完鱼后，这只猫会体验到一种本能的满足和快乐。而这种满足感可以减轻猫接近铁笼子时所产生的焦虑和恐惧情绪。沃尔普把这种现象归因为交互抑制。

但是，沃尔普很快就发现交互抑制的作用十分有限，通常只能应付一些比较轻微的焦虑。于是，沃尔普决定利用交互作用首先针对轻微的焦虑反应，然后由轻到重、循序渐进，最终适用于最严重的焦虑。

此外，沃尔普还发现，对于人类来说，生理上的放松可以极大地缓解一个人焦虑的情绪。于是，沃尔普就把身体上的放松也放进这种治疗方法中，也算是用全身放松的方式取代实验中食物对动物所产生的作用。

在实验中，沃尔普一直都让猫看见那个给它带来巨大痛苦的铁笼子。这一点已经被发展成为让参加心理治疗的人想象自己正处于那些引起自己焦虑的可怕刺激物面前，这种治疗方法被称为“系统脱敏法”。

延伸阅读

系统脱敏法主要是通过训练放松和情景重演的方式，逐渐增强一个人对引起其焦虑恐惧情景的心理承受力和神经耐受性。

在心理治疗中，系统脱敏法主要有三个主要步骤：第一步，心理咨询师需要在运用系统脱敏法之前教会来访者一些放松训练的基本步骤和技巧。第二步，心理咨询师需要让来访者把所有能够引起自己焦虑情绪的事件罗列出来，然后给这些焦虑性事件打分。打分的标准是从 0 到 100。然后，把这些焦虑事件按照从低到高的顺序依次进行排列。第三步，心理咨询师需要引导来访者按照第二步中所罗列的顺序进行想象，并进行放松训练。这样多进行几次之后，来访者就不会再对那些事件产生焦虑的情绪。这三个步骤简单来说就是，放松、等级建构和脱敏。

沃尔普所发明的系统脱敏疗法在当时的心理学界引起了极大的轰动，有不少心理学家专门研究了沃尔普的系统脱敏疗法，有的心理学家甚至提出了新的系统脱敏疗法，其中最著名的就是心理学家夏皮罗的眼动系统脱敏疗法。这个疗法不仅可以使人有效地避免焦虑情绪给自己带来的情绪困扰，还能让其思维反应变得更加敏捷。

眼动系统脱敏疗法的具体实施步骤如下：第一步，心理咨询师让来访者对引起自己焦虑情绪反应的事件进行想象。第二步，在来访者正在进行想象的时候，心理咨询师需要把自己的手指放在来访者的眼前，并且快速地进行移动，然后让来访者的目光紧紧跟随着心理咨询师手指移动的位置。这是一个把来访者注意力逐渐转移到手指移动的过程。这样，当来访者再次回忆起那些让自己焦虑的事件时，就不会再把自己的注意力集中在焦虑情绪上，而是被目光转移的记忆所取代。而且，这种目光转移的方式还可以训练思维，让人们的思维变得敏锐起来。

❖ 猩猩的思维火花——顿悟理论实验

1913年，心理学家沃尔夫冈·苛勒到大西洋加纳利群岛上进行类人猿的心理研究。苛勒经过长时间的观察发现，猩猩十分喜爱吃白蚁。为了能捕捉到白蚁，猩猩会用一根树枝伸进白蚁洞内钓白蚁。如果树枝太长的话，猩猩会主动地把树枝折短一些，然后再伸进白蚁洞内。如果树枝上有树叶，那么猩猩会主动把叶子摘掉。有时，猩猩甚至会带着事先准备好的树枝去钓白蚁。猩猩的这种行为说明它们已经理解当前的动作和最后结果之间的关系。

但是研究开展后不久，第一次世界大战就爆发了，苛勒被困在这座小岛上 7 年。不过，这对苛勒来说并不全是坏事，毕竟他有充足的时间在岛上研究猩猩的行为与心理，并且进行了著名的顿悟实验。

苛勒所设计的顿悟实验是由许多小实验组成的，主要包括六大类。其中最著名的实验是，在一间屋子的天花板上吊着一串猩猩特别喜爱的香蕉。屋子的地上还散落着许多大小不同的木箱子。等一切准备妥当之后，苛勒会领着猩猩来到这间屋子，让猩猩看见它所喜爱的香蕉。之后苛勒会自行离开，到猩猩看不见的地方默默观察。

猩猩所有的注意力都集中在那串让它垂涎欲滴的香蕉上，它努力伸手去够香蕉，可是香蕉挂得太高了，猩猩根本够不着。经历了失败的猩猩很沮丧并转移了自己的注意力。于是猩猩看到了屋子中的木箱子。猩猩便玩起这些木箱子来。当猩猩玩了一会儿后，突然灵光一闪，想到自己可以站在木箱子上伸手够香蕉。当它发现一个木箱子的高度依然够不着香蕉，便慢慢学会把几个木箱子堆在一起，最终如愿以偿地吃到了香蕉。

苛勒认为，猩猩的这种学习行为是顿悟学习。他认为，顿悟的现象可以用格式塔心理学的观点进行解释，顿悟就是对所遇到的问题解决方案的突然理解。在日常生活中，当我们遇到需要解决但是没有解决方法的问题时，会突然想到某种解决的方案，并觉得这种现象属于“灵感”。而事实上，顿悟现象的出现并不是在一瞬间就产生的，而是建立在以往学习和思考的基础上，这点与酝酿效应十分相似。

延伸阅读

除上述吃香蕉的实验外，苛勒还设计了一个接竿问题实验。在实验开始之前，苛勒准备了一个大笼子，笼子的周围会放上一些长短不一的空心棍子。实验开始后，苛勒把猩猩关进大笼子中，并在距离大笼子较远的地方放上一些香蕉。

猩猩想吃香蕉，但是却够不着，于是猩猩会用棍子去够香蕉，但是棍子不够长，够不着香蕉；猩猩试着把细的棍子插进粗的棍子中，这样棍子的长度就增加了，猩猩就可以够着香蕉，并且开始享用美味的香蕉。

第三章

孩子的心事你别猜
——儿童心理经典实验

❖ 可怜的小阿尔伯特——华生的恐惧习得实验

20 世纪 20 年代，心理学界开始了一场新的运动，是以巴甫洛夫和约翰·华生为代表的行为主义心理学运动。行为主义心理学的诞生打破了精神分析心理学的垄断地位，并且对其产生了很大的冲击。因为行为主义心理学与精神分析心理学的观点是完全相反的，行为主义心理学认为人的心理和行为都是通过外在环境和情景刺激而产生的。

例如，华生指出人之所以会出现各种各样的情绪反应，是我们对外在环境中某种特定刺激的反应。也就是说，人的情绪是习得的。华生认为，人类所有的心理现象和行为都是学习和条件反射的产物。但是，精神分析心理学却认为情绪反应是基于内部的原因。

在行为主义心理学刚刚诞生之际，受到了大多数心理学研究人员的质疑，但是也得到了许多人的认可与追捧，这是因为华生用许多实验来证明自己的理论，在事实面前，人们只能选择相信。

华生很喜欢用小白鼠做实验，但是在研究情绪反应的时候，华生放弃小白鼠，而是大胆地选择人作为实验对象。这个被试是一名 9 个月大的孤儿，从出生起就一直待在医院里，名字叫作阿尔伯特。小阿尔伯特生理和心理健康状况良好，再加上他的孤儿身份，便成为华生心理实验的对象。

小阿尔伯特和许多小孩子一样，很喜欢毛茸茸的物体，并且还会尝试着用手去抚摸。华生决定建立起小阿尔伯特对这类物体的恐惧。于是，华生给小阿尔伯特准备了一只可爱的小白鼠。小阿尔伯特见到小白鼠后很高兴，并且尝试着用手去摸小白鼠。就在这时，华生用铁棒子制造了一个非常难听的噪声。这个巨大的声响很突然，小阿尔伯特没有准备，自然吓了一跳，伸向小白鼠的手立刻缩了回来。

小阿尔伯特不知道的是，这只不过是实验的开始。后来华生继续给小阿尔伯特提供可爱的小白鼠，并且只要一发现小阿尔伯特准备用手去摸小白鼠的时候，就制造巨大的噪声。这一过程重复了很多次，造成了小阿尔伯特对小白鼠的恐惧情绪。后来，即使华生不再制造巨大的噪音，小阿尔伯特看到小白鼠后也会十分恐惧，他号啕大哭，并且会转身远离小白鼠最后只要一看见小白鼠，小阿尔伯特就会飞快地爬走。

华生为了研究这种习得性的恐惧是否会转移到其他类似的物体上，即是否会出现恐惧情绪的泛化，就开始了另一项实验。华生开始向小阿尔伯特提供类似小白鼠的物体，如小白兔。当小阿尔伯特看到小白兔的时候，消极反应会立刻出现，他尽可能地远离它，而且会大哭起来，以表达自己的恐惧之情。当华生让小阿尔伯特用手接触小白兔时，小阿尔伯特会把自己的脸埋在垫子里面，然后用四肢撑起自己的身体，边哭边爬走。

后来，当华生向小阿尔伯特提供白狗、白色毛大衣、白棉花以及华生头上灰白色的头发时，小阿尔伯特都会恐惧不已。这说明华生已经成功地在小阿尔伯特的心理上建立起习得性恐惧反应。

这项实验有力地证明了华生的理论和猜想。但是，华生这次并没有像以往一样得到大家的认可。因为相对于实验结果的准确性，人们更关心的是小阿尔伯特的心理健康。很明显，华生的这个实验违背了人道主义原则。人们认为华生的实验会给小阿尔伯特的一生造成不可弥补的心理伤害。例如，在西方社会，圣诞节是一个很神圣的节日，而圣诞老人颇受孩子们的喜爱，因为圣诞老人会给人一种很慈祥的感觉，但是在小阿尔伯特心中，圣诞老人将是恐惧的象征，尤其是圣诞老人的白头发和白胡子会让小阿尔伯特恐惧不已。

后来，小阿尔伯特被人领养了，并且在外界舆论的压力下，华生不得不中断了实验，这是一项未完成的实验。在华生的实验计划中，他会通过外界手段来帮助小阿尔伯特消除对白色毛茸茸物体的恐惧，就像斯金纳让迷信的鸽子消除迷信一样。

延伸阅读

华生小时候并不是一个喜欢学习的孩子，他很调皮，后来在大学中的专业并不是心理学，而是哲学。但华生发现自己对哲学越来越厌烦，反而更喜欢心理学。博士毕业后，华生在芝加哥大学当讲师，他边工作边学习，并且喜欢做动物实验。他从实验中总结出许多新的心理学理论，并且开始在心理学界崭露头角。后来，华生获得了霍普金斯大学教授的职位。虽然华生并不愿意离开芝加哥大学，但是由于霍普金斯大学的报酬更丰厚，并且为华生提供指导实验室的机会，华生便决定进入霍普斯金大学当教授。

后来，华生与年轻美丽的研究生助手罗莎莉·雷纳（曾经参与华生对小阿尔伯特的实验）在合作期间产生了感情，他的出轨行为很快就被妻子玛丽·伊克斯知道了。伊克斯利用雷纳参加聚会的时间，潜入雷纳家中找证据，拿到了华生写给她的情书，并且和华生离婚。在1920年，这份情书到了校长弗兰克·古德劳手中，古德劳不允许霍普金斯大学的教授有这样的丑闻，就向华生施压，希望他能主动辞职。

华生被迫辞职后，知道自己不可能继续在学术界发展了，于是就改行从商。华生用行为主义心理学进行广告宣传取得了不错的效果，成了一名成功的广告商人。

❖ 不能知觉深度的 S.B. 先生——视崖实验

我们的视觉感知能力与解释周围世界的能力到底是天生的还是后天习得的？在这个问题上，最让实验心理学家感兴趣的是，我们视觉的深度知觉能力。如果我们的视觉能力没有这项功能，那么将给我们的生活带来很大的困扰。我们会轻而易举地撞上东西，而且不知道一个物体距离我们到底有多远。

为了研究人类深度视知觉能力到底是天生的还是后天的，心理学家吉布森和沃克设计了视崖实验。视崖实验的装置由一个 1.2 米高的桌子构成，桌子的顶部是一块透明的厚玻璃。桌子的一半是用红白格子的图案组成的结实桌面，是实验中的“浅滩”部分；另一半也是红白格子的图案，但是图案给人一种好像直接落到地面上的感觉，是实验中的“深渊”部分。在“浅滩”和“深渊”中间有一块 0.3 米宽的中间板。

这次实验的对象既有人也有动物，实验室内十分热闹。实验者挑选了 36 名 6 到 14 个月的婴儿，这些婴儿的母亲也参加了实验。

在实验中，婴儿被放在中间板上，首先让母亲在“深渊”的一侧呼唤自己的孩子，看看婴儿是否会爬到“深渊”中；然后，再让母亲在“浅滩”的一侧呼唤自己的孩子，看看婴儿是否会爬到“浅滩”中。

在实验中，有 9 个婴儿怎么也不肯离开中间板。对于这个现象，实验者认为是婴儿太固执的原因，除此之外没有做出过多的解释。在剩下的 27 名婴儿中，当母亲在“浅滩”一侧呼唤时，他们全都毫不犹豫地爬向母亲；而当母亲在“深渊”一侧呼唤时，只有 3 名婴儿犹犹豫豫地爬向母亲，其他的婴儿都远离母亲，向“浅滩”一侧爬去。因为婴儿已经意识到了视崖深度的存在。有些婴儿虽然会用手拍打玻璃，以确认“深渊”

处有厚厚的玻璃做保障，但是婴儿们还是选择相信自己的视觉，拒绝爬到“深渊”。

这一实验结果能说明人类深度视知觉能力是天生的，而不是后天习得的吗？不能。因为这些婴儿已经6个月大，有了一定的生活经验。但是6个月以下的婴儿因为不具备自主运动的能力，所以不能参加实验。

既然如此，实验者开始用动物做实验。但是实验者发现动物的深度视知觉能力与它们的生存需求密切相连。

延伸阅读

S.B. 先生从出生起就是一个盲人，后来在他52岁的时候接受了一个先进的手术，也就是我们现在所说的眼角膜移植手术。手术过后，生活在黑暗世界52年的S.B. 先生获得了一个多彩的世界，S.B. 先生很高兴。但是没过多久他就遇到了麻烦，因为他并不像我们正常人一样，具有深度视知觉能力。

做完手术的S.B. 先生站在医院四楼的窗户旁边，发现一层的地面上有许多小东西在不断地移动着，他很好奇，于是就想爬过窗户去看个究竟。这时，幸好被医院的工作人员及时发现。如果他真的从窗户爬出去，可想而知会造成什么样的悲剧。

这件事说明，S.B. 先生的眼睛虽然恢复了正常，但是他没有深度视知觉的能力，无法感觉到所看到物体的距离和深度。

❖ 给孩子们出难题——海因茨道德两难研究

每个人都有属于自己的道德标准，或许没有人会仔细想自己的道德标准到底是什么，但是这并不妨碍道德标准影响着我们的日常生活。

在儿童心理学的早期，心理学家们并不注重对儿童道德形成的研究，但是心理学家柯尔伯格却十分重视，并且展开了一些实验研究，最终得出自己的结论。

一个人在刚刚出生时，没有现在社会中所存在的道德是非观念。但是随着年龄的增长，孩子们逐渐产生了一定的道德是非观念。在不同的年龄阶段，孩子们的道德是非观念有一定的区别。为了研究儿童的道德发展水平，柯尔伯格设计了一系列的道德两难故事来进行实验研究，其中以海因茨偷药的故事最为典型。

有一个女人患有罕见的癌症，时刻面临着死亡的威胁。女人的丈夫叫作海因茨，海因茨夫妇的生活状况很一般。自从海因茨的妻子患病后，海因茨花尽了家中所有积蓄为妻子看病，但是妻子的病情并没有因此而好转，反而变得越来越严重。

在最后一次看病时，医生告诉海因茨："你的妻子已经病入膏肓，这个世界上只有一种药能挽回你妻子的生命，那就是一位药剂师所发明的镭。这种镭能杀死你妻子体内的癌细胞，让她重获健康。"

医生的一番话让海因茨看到了希望，于是他赶紧去找那个药剂师，并向对方说明自己买药的意图。但是药剂师所提出的价格让海因茨由希望变成失望，因为镭的价格实在太昂贵了。且不说现在海因茨已经为妻子治病花去了很多积蓄，就算没有花掉那么多钱，海因茨也买不起这种药。

失望的海因茨开始想办法，他首先想到了借钱。于是，海因茨就开始忙着向亲戚朋友借钱，他花了很长时间，才借到了那种昂贵药物所需价格一半的钱。拿着这笔钱，海因茨找到那个药剂师说："这是我借的钱，我现在只能出这么多钱。我妻子的癌症不能再继续等下去了，请你看在上帝的面子上，帮帮我们吧。等我妻子的病好了，我会努力工作赚钱，把剩下的钱还给你。"

海因茨的这番话并没有使药剂师感动，药剂师还是坚持原来的要求：没有足够的钱，就拿不到药。被逼无奈的海因茨终于绝望了。绝望的海因茨在一个晚上闯入药店，为了妻子偷走了那昂贵的药物。

在实验中，柯尔伯格找来不同年龄阶段的儿童，然后向他们讲述这个道德两难的故事。最后，这些儿童需要接受两个小时关于这个故事的访谈。在访谈过程中，柯尔伯格会录音，以便对儿童的道德发展情况做出分析，从而得出相应的结论。

柯尔伯格最初的实验是在芝加哥郊区进行的，有 72 名男孩参加了这个实验。柯尔伯格把这 72 个男孩分成三个年龄组，即 10 岁、13 岁和 16 岁。在每个年龄组中，其中一半的人数来自中上等经济生活水准的家庭，而另一半是来自中下等经济生活水平的家庭。这些孩子都发表了自己的看法。

例如，13 岁的男孩是这样评价海因茨偷药难题的："这件事情本来就是药剂师的错，他是一个唯利是图的人，抬高药物的价格而不顾别人的死活。海因茨深爱他的妻子，所以才会偷药去救妻子。我觉得任何人面对海因茨的情况，都会像他一样，毕竟人的生命是最宝贵的。我相信他不会被关进监狱中，法官一定也是这么想的。"

16 岁男孩的看法与 13 岁男孩稍有不同："药剂师花费了很长时间和很大精力才发明了那种治疗癌症的药物，所以他有权决定药物的价格，尽管那个价格对普通民众来说高得离谱。我不觉得海因茨的做法是完全正确的，尽管我觉得任何人都会为自己的妻子那么做。海因茨这样做的结果就是，他因为触犯法律而进监狱，而他的妻子会得救。这是海因茨自己的选择，他有十分正当的理由可以这样去做。但是从法律的角度来看，海因茨的做法是错误的。"

柯尔伯格在实验研究中采用的是纵向研究法，经过长达十年的实验研究，柯尔伯格于1969年提出关于儿童道德发展的三水平六阶段理论。

第一个水平，又被称为“前习俗水平阶段”（或“前道德水平”）。这个阶段被细分为两个阶段：第一阶段，惩罚和服从的定向。这个时候的儿童是以行为的后果作为是非判断的标准。例如，在海因茨偷药的问题上，儿童会这样考虑，海因茨不应该偷药，因为这样会受到法律的惩罚；海因茨应该偷药，否则妻子就会死，而且他之前已经请求过药剂师。第二阶段，朴素的利己主义定向。这个时候儿童会以个人需求是否能得到满足而判定事情的好坏。例如，在海因茨偷药的问题上，儿童会这样考虑，海因茨不应该偷药，因为他的妻子对他并不好，没必要为妻子去冒险；海因茨应该偷药，因为海因茨的妻子对他很好，他应该为救妻子的性命而偷药，这是关心妻子的行为。

第二个水平，又被称为“习俗水平”（或“习俗角色遵从的道德水平”）。这个水平阶段被细分为两个阶段：第三阶段，好孩子定向。这个时候，儿童以“取悦别人就是对的”作为是非判断的标准。例如，在海因茨偷药的问题上，儿童会认为海因茨应该偷药，不管他的妻子对他好不好，他都应该去偷药，这是对妻子负责的表现；海因茨不应该偷药，因为即使他的妻子活下来了，也会因为海因茨的偷药行为而蒙受耻辱。第四阶段，维护权威的定向。以维护现有的法律和社会秩序为准则，尽量做到尽责尽职。例如，在海因茨偷药的问题上，儿童会认为海因茨应该偷药，这才尽到了做丈夫的义务；海因茨不应该偷药，虽然采取非常手段救妻子的命是合情合理的，但是偷东西触犯了法律。

第三个水平，又被称为“后习俗水平阶段”（或“自我接受的道德准则的道德水平”）。这个水平阶段被细分为两个阶段：第五阶段，墨守法律法规和社会契约阶段。把社会价值和个人权利作为判断是非的标准。例如，在面对海因茨偷药的问题时，儿童是这样看待的，海因茨应该偷药，法律虽然禁止偷盗行为，但是却没有考虑到因为救人而偷盗的情况，尽管海因茨偷药了，但是他是为了救人，应该改变的不是海因茨，而是法律规定，稀有药物应该按照公平的原则加以调节和控制；海因茨不应该偷药，因为偷药救人不属于正常夫妻的义务，海因茨已经为妻子尽到一个丈夫应尽的义务，如果海因茨去偷药，那么他这种行为将超出规范和职责。第六阶段，个人良心和原则的定向。是非标准是一种个人依照不同原则所确立的准则。例如，在面对海因茨偷药的问题时，认为海因茨不应该偷的理由是，海因茨想办法救妻子的性命这点无可非议，但是海因茨却没有考虑到其他人也需要这种珍贵的药物，他的做法对其他人不公平；认为海因茨应该偷药的理由是，为了救人性命而去偷药是值得的，对每一个有道德的人而言，生命都是可贵的。

延伸阅读

除了海因茨偷药这个道德两难问题，柯尔伯格在做实验时还经常用到一个“弟弟的难题”的故事。

乔的父亲曾经承诺，如果乔能自己挣够50美元，那么他就可以拿着这笔钱去野营。但是后来乔的父亲后悔了，命令乔把50美元都交给他。乔为了去野营就撒谎说，他只挣了10美元。把10美元交给父亲后，乔拿着剩下的40美元去野营了。在参加野营之前，乔把撒谎的事情告诉了弟弟阿历克斯。请问，阿历克斯应该把事情的真相告诉父亲吗?

13岁孩子的答案是，一方面，阿历克斯应该把事情的真相告诉父亲，因为他如果不告诉父亲，父亲就会生气，这样阿历克斯就会挨打；另一方面，阿历克斯应该保持沉默，否则他的哥哥乔会揍他。

16岁孩子的答案是，如果阿历克斯不告诉父亲，父亲发现后会不再信任阿历克斯；如果阿历克斯把真相告诉父亲，那么哥哥就不再信任他。

❖ 儿童为何会出错——皮亚杰的钟摆实验

瑞士著名心理学家皮亚杰与英海尔德为了研究具体运算阶段与形式运算阶段儿童的推理归纳能力进行了许多实验，其中有关钟摆问题的实验最著名。

在钟摆实验开始后，实验者首先向被试儿童呈现一个类似钟摆的装置。这个装置由不同长度的绳子构成，绳子的一端被固定在横梁上，绳子的末端被拴上不同重量的物体。

然后，实验者开始向儿童演示，如何使钟摆进行摆动，也就是把拴着重物的绳子拉紧并提升到一定高度，然后再放下，这样绳子就会像钟摆一样，摆来摆去。

最后，实验者告诉被试儿童参加这次实验的具体任务：他们需要通过检验与钟摆摆动有关的四个因素（重物的重量、绳子被拉起的高度、推动绳子摆动的力量、绳子的长度），来确定哪一种因素决定钟摆的摆动速度。其中，与钟摆有关的四个因素中又有不同级别的划分，如绳子的长度有三个级别、重物的重量有四个级别等。实验者给了儿童充分的时间去检验和考虑上述问题。

想要解决这个问题必须经过两个正确的步骤：第一步，先提出假设。不论这个假设是什么，只要这个假设在验证的过程中，其结果没有与假设产生矛盾就可以。第二步，对所提出的假设进行具体且系统的验证。

实验发现，在第一个步骤上，具体运算阶段与形式运算阶段的儿童的反应没有什么大的区别，都能根据问题的要求给出自己的假设。但是在第二个步骤上，具体运算阶段与形式运算阶段的儿童出现了很大的区别。

在第二个步骤上，也就是检验假设的过程中，儿童需要注意，每当改变一个特定因素时，必须保证其他因素不变。例如，改变绳子的长度时，必须保证重物的重量、绳子被拉起的高度以及推动绳子摆动的力量不变。而且，儿童还需要注意每个因素的等级，比如：绳子的长和短；重物的轻和重；绳子被拉起的高度；推动绳子摆动的力量，即推力的大和小。

在第二个步骤中，具体运算阶段儿童最容易出现的错误是，不能在检验某一个因素的同时，保证其他因素不变。例如，当这个阶段的儿童遇到绳子短、重物重、钟摆摆动速度快的时候，就会错误地认为钟摆摆动的速度是由绳子的长度和所拴重物的重量共同决定的。

皮亚杰通过这个实验结果认为，只有当儿童到了形式运算阶段时，才能像科学家一样进行假设检验，最终获得关于所提问题唯一可能且具有严格逻辑的答案。此外，这个实验问题的正确答案是，绳子的长度决定钟摆的速度，绳子越短，钟摆摆动的速度就会越快。

延伸阅读

皮亚杰通过大量的实验研究揭示了儿童从出生到青年初期认知发展的具体过程。皮亚杰把儿童认知发展划分为四个阶段。

第一阶段：感觉运动阶段（从出生起到2岁）。在这个阶段内，儿童的智力是一种纯实践性的智力。在这个阶段，儿童还没有出现语言交流的现象，主要通过感觉运动与周围的世界进行沟通和相互作用。

第二阶段：前运算阶段（2岁到7岁）。在这个阶段中，儿童已经学会用符号语言和周围的世界进行相互作用。但是在这个阶段内，儿童具有明显的自我中心性，其使用符号语言表达的能力还缺乏一定的逻辑性和系统性。而且，他们不能从事物的变化中认识到守恒的概念。

第三阶段：具体运算阶段（7岁到12岁）。在这个阶段内，儿童可以从某一具体事物的变化中抓住实质性的东西，如认识到守恒的概念。随着年龄的增长，儿童已经具备初步的逻辑思维能力。但是儿童的逻辑思维只能运用到具体的事物上。

第四阶段：形式运算阶段（12 岁到 15 岁）。在这个阶段内，儿童开始掌握一些新的推理能力。这种推理能力已经具有一定水平的逻辑性，不会再像具体运算阶段那样受到具体事物的拘束。在这个阶段内，儿童可以进行命题运算，并运用命题推论出具有逻辑性的结论。总之，这个阶段内儿童的思维会发展得十分迅速，渐渐接近成人的认知能力，可以根据问题提出假设，并进行逻辑推演，最后得出正确的结论。

皮亚杰认为，儿童每个阶段发展之间存在着本质的区别，而且这个发展过程是一个连续且渐进的过程，不是突发式的。

❖ 桌布上的墨迹——道德发展阶段实验

皮亚杰是第一个研究儿童道德发展问题的人，就连柯尔伯格的三水平六阶段理论也是在他所提出的理论基础上建立起来的。

在得到相应的理论之前，皮亚杰首先设计了相关的实验，这个实验是根据精神分析流派的投射原理而设计的。在皮亚杰的实验中包含有关道德价值内容的对偶故事，在听完这些故事后，儿童需要判断故事中的是非对错，然后皮亚杰把这些观点记录下来，从他们的答案中找出儿童对行为责任的道德判断，从而得出儿童道德认知发展的规律。

皮亚杰根据实验需要设计了许多对偶故事，其中“桌布上的墨迹”这个对偶故事最为经典。有一个小男孩名叫朱利安。有一次他的父亲出门了，调皮的朱利安开始给自己找乐子。朱利安很少进入父亲的书房，因为父亲非常讨厌朱利安把他的书房弄得乱七八糟的。可是父亲的命令无法打消朱利安的好奇心，他决定利用这个机会潜入父亲的书房中一探究竟，满足自己的好奇心。在父亲的书房中，朱利安发现了墨水瓶。玩了一会儿后，朱利安开始拿着父亲的钢笔玩，但他一不小心把钢笔水弄到了书桌的桌布上，桌布吸水性很好，瞬间干净的桌布上便染上了一小块墨水渍，十分难看。

相应的对偶故事是，有一个小男孩的名字叫奥古斯塔斯，有一次他的父亲也出门了，奥古斯塔斯也带着好奇心潜入父亲的书房。奥古斯塔斯同样发现了墨水瓶，但是父亲的墨水瓶是空的。看到空的墨水瓶，奥古斯塔斯认为父亲是因为太忙了，所以忘记灌墨水了。于是，奥古斯塔斯就想帮助父亲把墨水瓶灌满。等奥古斯塔斯的父亲回家后，发现墨水瓶是满的，但是他同时也发现书桌的桌布上有一大块墨水渍，十分难看。

在讲完这个对偶故事后，皮亚杰向被试儿童提出两个问题：这两个孩子的错误是否相同？在这两个孩子中，哪一个人的错误更严重一些，为什么？

通过大量的实验研究，皮亚杰发现儿童道德判断能力的发展与他们的认知能力之间存在着相互联系和平衡的关系。而这种认知能力不是天生就具备的，是在社会交往中逐渐形成的。

最后，皮亚杰得出有关儿童道德认知发展的理论，即儿童的道德认知发展主要有两个阶段。第一阶段是在 10 岁之前，儿童对道德的认知思维主要来自他人的认知，也称为“他律道德”，这种道德认识具有客观性；第二阶段是在 10 岁之后，儿童对道德的认知思维多半来自自己的内在标准，也就是“自律道德”，这种道德认识具有主观的性质。

延伸阅读

在皮亚杰的实验中，除了“桌布上的墨迹”这个对偶故事，还有另一个很著名的对偶故事。

有一个名叫约翰的小男孩，他正在自己的房间内玩耍，听到家人叫他去餐厅吃饭。餐厅的门后有一把椅子，椅子上有 15 个托盘。约翰并不知道餐厅的门后有椅子，于是直接推门而入，门撞倒了椅子，打碎了1个盘子。

相应的对偶故事是，有一个叫亨利的小男孩。有一次，亨利的母亲外出有事，只有亨利一个人在家。亨利想从橱柜中拿一些果酱吃，结果发现自己够不着，于是就爬到一把椅子上，把橱柜的门打开，伸手去拿果酱。结果，果酱的位置放得太高，即使亨利踩着椅子也够不着。但是亨利并没有放弃，因为平常妈妈在家时，不允许亨利多吃果酱，亨利不想放弃这个能多吃果酱的好机会。他努力伸着手臂取果酱，一不留神，碰到了橱柜中的玻璃杯，杯子被碰到地上，打碎了。

皮亚杰对这两个对偶故事的问题是：这两个小孩会因为自己所犯的错误而产生同样的内疚感吗？这两个孩子的错误哪一个更严重一些，为什么？

年幼的儿童没有属于自己的道德标准，但是随着儿童年龄的增长，他们的认知能力会不断地发展，对道德的认识也开始变得不同。也就是说，道德水平的发展受到认知能力的影响。

❖ 习得的攻击行为——芭比娃娃实验

1961年，在美国斯坦福大学进行了一项心理学史上非常有名的实验，这个实验主要研究儿童如何习得攻击行为。进行这次实验的是著名心理学家阿尔伯特·班杜拉，还有班杜拉的助手罗西亚·罗斯和希拉·罗斯。

班杜拉得到了斯坦福大学附属幼儿园管理人员及老师们的支持，从这个幼儿园中挑选出36名男孩和36名女孩作为实验的对象。这些儿童的年龄在3岁到6岁之间，平均年龄为4岁左右。

这72名儿童被分成三个小组，其中24名儿童被安排在控制组中，这个小组中的儿童不会接受任何榜样的影响。剩下的 48 名儿童则被分为两个小组，其中一组接触具有攻击性的榜样，另一组则接触不具有攻击性的榜样。需要说明的是，这三个小组中男女孩的数目是相同的。

尽管实验方案已经拟订好，但是班杜拉还不能开始实施实验，因为在进行实验之前，班杜拉必须考虑一个很重要的问题："如果这些参加实验的儿童中，有些儿童本来就比其他儿童更具有攻击性怎么办？"如果这种现象真的存在，那么将会影响到实验的结果。

为了避免这种隐患，班杜拉决定在进行实验之前，对这 72 名儿童的攻击性做一个等级性测试。班杜拉专门找来了解这些儿童的老师，他们可以帮助班杜拉确定儿童的身体攻击、语言攻击以及对物体攻击的具体行为。

做完这些准备工作，有关习得性攻击行为的实验就正式开始了。首先，实验者会把一名儿童带到事先准备好的活动室。在前往活动室的路上，实验者会假装巧遇一个熟人（实验中的榜样），并主动邀请这个人一起参加一个游戏。

然后，实验者把这个成人榜样和儿童一起引到活动室内。儿童被安排在活动室的一角，他们面前的桌子上摆有许多有趣的东西，如土豆印章和一些颜色艳丽的贴纸等，这些都是儿童非常喜欢的东西。实验者告诉儿童，他们可以随意把这些贴纸贴在一块贴板上。

而那个成年榜样则被安排在活动室的另一角，成人榜样的桌子上面有一套儿童拼图玩具和一根木棍，还有一个 1.5 米高的充气芭比娃娃。实验者告诉成人榜样和儿童，这些玩具都是给成人榜样准备的。交代这些后，实验者就离开了活动室。

无论是具有攻击性的成人榜样还是没有攻击性的成人榜样，一开始他们都会玩拼图。等一分钟过后，具有攻击性的成人榜样开始用那根木棍暴力击打芭比娃娃。实验者要求攻击性成人榜样首先把芭比娃娃放在地上，然后坐在芭比娃娃的身上，并且反复用手拽芭比娃娃的鼻子。再把芭比娃娃用力拽起来，用木棍敲打芭比娃娃的头部。最后把芭比娃娃用力抛向空中，等芭比娃娃落下后，再对芭比娃娃拳打脚踢。

具有攻击性的成人榜样需要按照上述顺序反复进行三次，其间还需要伴有攻击性的语言，如“拽她的鼻子”“用棍子打她”等。还可以说一些没有攻击性的中性语句，如“她真有忍耐力”等。总之，攻击性成人榜样的攻击性行为需要持续10分钟的时间。攻击行为过后，实验者会重新出现在活动室内，向成人榜样告别，把儿童带走。

在没有攻击行为的活动室内，也就是另一组儿童所接受的实验中，成人榜样自始至终都在玩拼图，根本不理会芭比娃娃和那根木棍。最后，儿童被实验者带走。

这是实验的第一个步骤，接着所有的儿童都会被实验者带入另一个活动室内。这个活动室内有许多非常吸引儿童的玩具，如火车模型、飞机模型、玩具车和玩具娃娃等。这个实验步骤是为了测试儿童们的攻击性反应。

班杜拉认为，引起一个人的攻击性行为主要是当事人的愤怒情绪和挫败感。所以实验者会先让儿童玩一些十分有吸引力的玩具，当儿童玩在兴头上的时候，实验者再告诉儿童：“这些玩具是为其他小朋友准备的，你不能再玩下去了。但是你们可以到另一个活动室内玩其他玩具。”之后，实验者就开始观察儿童们的不同反应。

最后，实验者会把儿童带到最后一个活动室内。这个活动室内的确像实验者对儿童所说的那样，有许多玩具。但是这里的玩具分成两类，即各种攻击性的玩具和没有攻击性的玩具。

具有攻击性的玩具包括，木棍、掷标枪等。没有攻击性的玩具包括蜡笔、纸张、玩具娃娃、各种小汽车和小卡车、一套茶具以及各种塑料制成的动物等。

每个儿童会被安排在这个活动室内玩耍20分钟，而实验者会自动离开，并且到单向玻璃外面观察儿童的反应和行为，然后根据各种指标来判定儿童们不同的攻击性行为。

实验结果发现，那些被安排看到成人榜样攻击性行为的儿童更容易出现攻击性行为。统计结果显示，男孩平均有38.2人次模仿了身体攻击性行为，而女孩平均有12.7人次。在语言攻击上，男孩的模仿行为有17人次，女孩有15.7人次。

而那些被安排在成人榜样没有攻击性行为的活动室内的儿童以及不接触任何成人榜样的儿童，几乎没有出现身体攻击和语言攻击。

在实验中，儿童的攻击性行为一共有8种反应，其中4种最为明显：第一种，对成人榜样的完全模仿，如首先坐在芭比娃娃身上，拽芭比娃娃的鼻子，然后用木棍击打芭比娃娃，最后把芭比娃娃扔到地上，并且拳打脚踢。第二种，做出语言攻击。第三种，对芭比娃娃以外的玩具进行攻击。第四种，与成人榜样的攻击性行为完全不一样，是自发产生的。

通过这个实验，班杜拉认为攻击性行为是后天习得的。我们人类的一些攻击性行为是通过观察和模仿而习得的，即使没有经过强化也会产生。

在这个实验中，我们可以看到男孩的攻击性行为比女孩要明显许多。通常我们也会认为男性更具有攻击性。班杜拉认为，男性强烈的攻击性并不是天生的，而是后天习得的。在世界上大部分国家的文化中，攻击行为被看成典型的男性行为，并在一定程度上默认了攻击行为是被允许的，所以男性在表达出攻击性的时候更容易些，因为这种影响削弱了男性对攻击性行为的抑制。

延伸阅读

20世纪60年代，电视在美国文化的传播中已经成为一种重要的力量，有关电视中暴力信息对儿童的影响，一直存在着十分激烈的争论，美国举行过很多次有关电视暴力的听证会。

在芭比娃娃这个实验结束后，班杜拉和他的助手继续研究习得性攻击，实验的目的就是验证电视或其他非人类攻击榜样对被试的影响。实验结果发现，真人榜样的攻击性行为影响最大，而影视作品中的攻击性行为影响位居第二，卡通片中榜样的影响位居第三。虽然电视暴力并没有真实暴力对儿童产生的影响严重，但是总比无榜样或者无攻击性榜样的影响要明显得多。

不过，班杜拉通过实验研究发现了一个可喜的结果，那就是在特定条件下，这种榜样性暴力对儿童的影响力可以得到改变。如果实验者在榜样施加暴力行为后给其一定的惩罚，那么儿童就会避免出现暴力行为。相反如果榜样的暴力行为得到了奖励，那么儿童则会模仿暴力行为。

❖ 看不见等于不存在——客体永存性实验

在著名心理学家皮亚杰长期的研究生涯中，他一直致力于儿童智力发展的研究。其中有关儿童智力的问题，客体永存性是最关键的理论之一。

所谓客体永存性是指，即使物体不存于我们的感知范围内，但是我们依然认为它是存在的。例如，一叶障目不见泰山，当你看不见泰山时，依然知道泰山是存在的，这就是客体永存性。

皮亚杰的研究主要针对儿童，所以他的实验具有一个特点，那就是用游戏来和儿童被试们进行接触，在玩耍中观察儿童解决问题的能力以及儿童在游戏中所出现的错误。通过实验研究，皮亚杰把感知觉运动阶段划分为六个小阶段。

第一阶段，年龄为出生到 1 个月。在这个阶段内，婴儿虽然会对喂养以及接触做出反应，但是并没有任何与客体永存性有关的行为出现。

第二阶段，年龄为 1 至 4 个月。在这个阶段内，婴儿依然没有任何与客体永存性有关的行为出现。但是皮亚杰认为，这个阶段的婴儿已经开始为客体永存性行为做准备，婴儿开始有目的地重复以自己为中心的各种动作。例如，当婴儿无意识地用手碰到某一物体时，他会有目的地不断用手去触碰那个物体。

在这个阶段内，婴儿学会用眼睛看并追随物体，如当某个人或物体出现在儿童的视线范围内，他会盯着看，而且兴趣十足。但是当这个人或物体离开婴儿的视线，婴儿不会扭动脑袋去寻找，而是继续用眼睛盯着那个地方，似乎刚才看到的人或物体会重新出现在那个位置一样。皮亚杰把这种现象称为“被动期待”。

皮亚杰的这个结论得益于对儿子洛朗的观察。皮亚杰说：“当洛朗两个月大的时候，我会出现在洛朗摇篮的顶棚然后观察他，当他看到我时，会一直盯着看。当我离开顶棚后，洛朗依然还会盯着那个点看，迫切地希望我重新出现在那里。”

皮亚杰认为，这个阶段内的婴儿，目光仅仅局限于所看到的物体出现的那个点上，如果物体没有重新出现，那么这个物体会在婴儿的头脑中形成一些感受，但他不会主动去寻找物体的下落。因为对于这个阶段的婴儿而言，消失的物体并不是永存的，只是一些表象而已，有时消失不见，但有时又莫名其妙地出现在眼前。

第三阶段，年龄为 4 至 10 个月。在这个阶段内，婴儿开始有目的地操纵某些物体，如不断地用手去抓东西，把抓到手的东西往嘴里送或者努力观察手中的物体等。

同时，在这个年龄阶段内，婴儿的快速眼动开始迅速地发展，开始形成物体的概念。当出现在眼前的物体消失后，婴儿会转动眼睛去寻找，而且会格外关注那些晃动或者移动的物体，并且眼睛会随着物体的移动或晃动而不停地转动。

这个结论是皮亚杰根据自己对女儿吕西安娜的观察而得到的。皮亚杰说："当吕西安娜9个月大的时候，我给她看了一个她从来没有见过的玩具，是一只丹顶鹤。当吕西安娜第一次看到这只丹顶鹤时，她伸出手牢牢地抓住这只丹顶鹤，并且用眼睛去看，她是在观察这个新玩具。当我把整只丹顶鹤藏起来的时候，吕西安娜不会去寻找。但是当我用布遮住丹顶鹤的身体，只露出一个头部时，吕西安娜会用手把布扯掉，并且把丹顶鹤拉到她的身边。"

第四阶段，年龄为10至12个月。皮亚杰根据观察发现，在第三阶段末期和第四阶段早期，婴儿已经开始意识到物体的客体永存性。也就是说，当出现在婴儿面前的物体消失后，婴儿会知道那些物体并不是消失不见了，而是短暂地消失在视线外，而且他们会主动去寻找藏匿起来的物体。但是皮亚杰也认为，虽然这个时期婴儿有关客体永久性的概念已经形成，但是并不完全，只是初步形成而已。

这个结论是皮亚杰在自己的孩子杰奎琳身上发现的。皮亚杰说："杰奎琳10个月大的时候，我当着杰奎琳的面把一个玩具藏在她左边的垫子下面，她会去垫子下面寻找玩具。这样重复两次后，我当着杰奎琳的面把玩具移动她右边的床垫下面，杰奎琳的眼光会跟随玩具移动。当玩具消失不见后，杰奎琳会去左边的垫子下面找玩具，而不是右边的床垫下面。"

皮亚杰认为杰奎琳之所以会出现这种情况，并不是因为她心不在焉，而是因为10个月大的婴儿与我们所形成的客体概念是不同的。在她看来，客体并不是独立存在的，而是依赖于它所在的位置。换句话说，玩具不是独立的，而是"左边垫子下面的玩具"。

第五阶段，年龄为12至18个月。这个阶段的婴儿已经形成在可见的情况下追踪物体持续移动的能力。例如，当皮亚杰在洛朗的周围放上两张垫子，然后不断把手表移动着，并且藏在不同的垫子后面，洛朗总是能准确地找到手表。而不是像第四阶段那样，总是在手表第一次消失的位置进行寻找。

但是皮亚杰认为，这个阶段内婴儿依然没有形成完全的客体永存性概念，因为这个时期的婴儿脑袋中还没有“不可见位移”的概念。

在杰奎琳18个月大的时候，皮亚杰把她放到一张毯子上，然后把她手中拿着的土豆放到一个空盒里，并把这个装着土豆的空盒子藏在毯子下面，皮亚杰又把土豆从空盒子中拿出来，放在毯子下面，把空盒子拿出来。事实证明杰奎琳只会不断地从空盒子中找土豆，而不是从毯子下面把土豆找出来。这是因为杰奎琳还没有意识到“不可见位移”的客体永存性。

第六阶段，年龄为18至24个月。这个时期婴儿的头脑中已经完全形成客体永存性的概念，具体表现就是可以意识到“不可见位移”的概念。

在杰奎琳1岁7个月大的时候，皮亚杰当着杰奎琳的面把一根铅笔放进一个空盒子中，然后把空盒子用纸包起来，并在纸的外面包上一块手绢，在手绢的外面罩上床单。当杰奎琳打开床单和手绢时，没有发现铅笔，但是杰奎琳并没有放弃寻找，因为铅笔这个东西在她的头脑中已经形成客体永存性的概念，最终杰奎琳把纸拆开，看见了空盒子，打开空盒子后找到了铅笔。

延伸阅读

皮亚杰的客体永存性实验可以说是根据他对自己孩子的实验观察得到的，而且皮亚杰相信自己得出的这个实验结论适用于世界上所有的儿童。

但是按照当今的研究标准来衡量皮亚杰的研究方式，是很不科学的，因为这种结论很有可能存在偏见，并且不具有客观性。但是出人意料的是，皮亚杰的这个实验结论已经成功地运用到世界上大多数儿童身上，并且取得了不错的效果。

❖ 世界就是我看到的样子——守恒实验

守恒实验是认知主义心理学家皮亚杰设计的，所谓守恒就是内化的、可逆的动作。皮亚杰认为，学龄前儿童的感觉运动图式虽然内化为表象图式，但是还没有达到守恒的地步。也就是说，当儿童在多种具体的变化中抓住事物的本质，这样才掌握了所谓的守恒。

在液体守恒实验中，皮亚杰当着儿童的面，把玻璃杯 A 中等量的水分别倒入细长且窄的玻璃杯 B 中和低矮且宽大的玻璃杯 C 中。七八岁之前的儿童会认为液体的容量出现了变化，其中玻璃杯 B 中的水要比玻璃杯 C 中的水多，理由是玻璃杯 B 中的水位比玻璃杯 C 要高，所以玻璃杯 B 所盛的水更多，而事实上，这两个杯中的水一样多。

七八岁之后的儿童均能意识到，玻璃杯 B 中的水与玻璃杯 C 中的水一样多。尽管这些儿童得出相同的结论，并且这个结论是正确的，但是他们得到结论的方法却大不相同。

比如儿童甲可能会这样认为："这些水从一个玻璃杯中倒入另一个玻璃杯中，水没有增加也没有减少，所以两个玻璃杯中的水一样多。"这属于守恒运算中的一种，具有可逆性。

儿童乙可能会这样认为："我可以把玻璃杯 B 和玻璃杯 C 中的水重新倒入玻璃杯 A 中，这样一来就可以证明玻璃杯 B 和玻璃杯 C 中的水一样多了。"

儿童丙可能会这样认为："玻璃杯 B 中的液体虽然增高了，但是容器太窄；玻璃杯 C 中的液体虽然没有玻璃杯 B 高，但是它很宽大。因此，玻璃杯 B 和玻璃杯 C 中的水一样多。"

皮亚杰认为，虽然这三个儿童的思维都达到了守恒的程度，但是儿童丙的互反性可逆运算的水平很不一般，因为儿童丙已经意识到可逆的互补关系。

延伸阅读

除液体守恒实验外，皮亚杰还进行了数量守恒实验和质量守恒实验。

在数量守恒实验刚开始时，皮亚杰让儿童自己排列鸡蛋和杯子，当鸡蛋和杯子所排列的长度相同时，儿童就会认为鸡蛋和杯子的数量是相同的。皮亚杰没有做过多的解释，他又让儿童一对一地把鸡蛋放进杯子中，以验证他们的结论。结果儿童惊奇地发现，鸡蛋和水杯的数量不一样，或者多或者少。

后来儿童就想到了一个办法，他们发明了一对一的对应排列，也就是在每一个水杯下面放一个鸡蛋，这样一来就可以保证鸡蛋和水杯的数量相同了。

但是，皮亚杰可以轻易地打破儿童这种成功的排列方式。当皮亚杰把整齐排列成一排的鸡蛋堆成一堆或者散开时，儿童就会认为这堆鸡蛋的数量比杯子少或者多，而事实上鸡蛋的数量和水杯一样多。当然，这只是学龄前儿童的看法，那些七八岁以后的孩子则不这么认为，因为他们已经获得数量守恒概念，不论鸡蛋和水杯排列外形和长度怎样变化，他们都能意识到鸡蛋和水杯的数量相同。

质量守恒实验是先把两个大小、形状和重量都相同的橡皮泥球状物体给儿童观察。等儿童观察一段时间后，实验者就把这两个橡皮泥球状物体中的任意一个捏成各种形状，如扁平的饼状、细长的香肠形状等。然后，实验者会问儿童这两块不同形状的橡皮泥是否一样重。结果学龄前的儿童会得出不同的答案，而七八岁以后的儿童则会回答：重量相同。

❖ 母亲去而复返——依恋类型实验

亨利·哈罗的猴子依恋实验提供了许多有价值的实验成果，表明用低于人类的物种来研究人类问题是很方便的。但是想要研究人类婴儿对母亲的依恋，就不能使用哈罗的实验方式，因为这会遭到人道主义者的攻击。

虽然哈罗的猴子依恋研究有许多可以借鉴之处，但是令人感到困惑的问题依然摆在眼前："有关猴子的依恋实验是否能带给我们有关人类复杂行为和心理发展一些准确有用的启示呢？"为了得到精确的实验结果，后来心理学家又做了大量关于人类依恋的实验，比如心理学家安斯沃斯进行的陌生人情境实验。

安斯沃斯找来一些幼儿及其母亲，把这些被试安排在提前设计好的"陌生情境"中。实验的具体步骤如下：

1. 母亲带着幼儿进入实验室内，也就是"陌生情境"中，把幼儿放到一把周围堆满了许多玩具的小椅子上，然后走开，坐在幼儿对面的位置上；

2. 几分钟过后，会有一个陌生人进入实验室，待一会儿后，会试图利用玩具和幼儿玩耍；

3. 母亲离开实验室；

4. 母亲回来和幼儿玩耍，而刚刚进入的陌生人会悄悄离开实验室；

5. 母亲再次离开实验室，实验室内只剩下幼儿一人，幼儿需要在这个孤独的环境中待上 3 分钟的时间；

6. 陌生人进入实验室；

7. 母亲进入实验室。

实验室内有一面单向镜子，在整个实验过程中，幼儿的所有举动都在实验者的视线范围内，实验者需要按照不同的指标来记录幼儿的各种反应，如幼儿的积极水平和玩耍内容，哭泣和其他消极的表情，试图接近母亲和引起母亲对自己的注意力，试图接近和愿意与陌生人玩耍等。

通过实验，心理学家发现，几乎所有的幼儿在母亲不在实验室中的时候，都表现出不安，不论是和陌生人在一起还是单独一个人。当意识到母亲不在实验室内时，幼儿会表现出焦虑不安并四处寻找母亲的身影。当发现母亲根本不在这里时，幼儿就会大声哭叫。

当消失的母亲重新出现在实验室内，超过半数的幼儿都会选择与母亲进行亲密接触，表现出依恋母亲的行为。但是，也有一些幼儿在母亲回来时根本不会注意。有的幼儿甚至会表现出十分矛盾的行为，如哭闹着让母亲把他抱在怀里，当母亲抱着他时又会赌气地让母亲放他下来，挣脱母亲的接触与怀抱。

同样的经历，幼儿却表现出不同的反应，这就说明幼儿对母亲的依恋存在个体差异。实验者通过对一些幼儿在家庭生活中的表现进行具体观察发现，那些在实验中与母亲重聚时表现出与母亲亲密接触的幼儿更具有安全感。相反，那些表现出冷漠地逃避或者矛盾行为的幼儿的依恋类型属于焦虑依恋，是因为依靠不上母亲而表现出的焦虑性防御行为。

针对这些不同的实验结果，安斯沃斯把幼儿的依恋类型划分为三种：第一种，回避型（A 类型）；第二种，安全型（B 类型）；第三种，矛盾型（C 类型）。

回避型（A 类型）幼儿的依恋表现：这类幼儿与母亲之间的感情很冷淡，当与母亲在一起时，很少理会母亲，只是独自玩耍。与母亲分离时，悲伤程度比较浅，能专心做好自己的事情。当与母亲重聚时，很少主动与母亲进行亲密接触，被母亲拥抱时会挣脱母亲的怀抱或者把身体移开。

安全型（B 类型）幼儿的依恋表现：与母亲在一起时，这类婴儿会主动与母亲亲近，但并不总是依赖在母亲身上，而是积极地探索周围的新环境，同时保持与母亲的沟通，不论是远距离还是近距离。当母亲离开时，这类幼儿会表现出焦虑不安，甚至是哭泣。当与母亲重聚时，幼儿会立即与母亲接触，以缓解自己的不安与焦虑，然后恢复平静状态继续玩耍。这类幼儿虽然对接触陌生人有一定的抵触心理，但是在母亲的指引下，会主动与陌生人进行交流。

矛盾型（C类型）幼儿的依恋表现：这类幼儿对母亲是否在自己身边十分在意，当母亲离开后，他们会第一时间感觉到母亲不在自己的身边，并且陷入极端的痛苦之中。当与母亲重聚时，他们一方面渴望与母亲接触，另一方面却在母亲与自己亲近时表现出生气的情绪。这类幼儿的焦虑不安情绪很难恢复，需要很长时间才能回到平静的状态，继续玩耍，通常需要母亲哄很长时间。而且，他们对陌生人的接触表现出退缩的反应。

安斯沃斯认为，在这三种依恋类型中，安全型属于良好、积极的依恋类型；而回避型和矛盾型属于消极、不良的依恋类型。

延伸阅读

美国心理学家马歇尔·克劳斯和约翰·肯内尔提出有关依恋的一种假说，即母子之间早期的皮肤接触会促进他们亲子依恋关系的早期发生。这就是著名的克劳斯—肯内尔假说。

为了验证自己假说的准确性，这两位心理学家专门研究了28个刚刚生下足月健康婴儿的母亲。在这些母亲刚刚生产后的三天内，实验者让其中14位母亲按照以往的惯例与婴儿接触，即产后让母亲看看婴儿，在6～12个小时之后，母亲开始给自己的孩子喂奶，以后每隔4个小时，这些母亲就会给孩子喂奶。剩下的14位母亲在产后3小时就被安排与孩子进行皮肤接触，接触时间为1小时。而且，这14位母亲还比那14位母亲每天多出5个小时抱孩子的时间。

一个月后，实验者开始检验自己的实验成果。结果发现，那些与婴儿有 1 个小时皮肤接触的母亲对孩子的爱抚更多，而且在给孩子喂奶时抱得更紧。而在对婴儿的生理发展检测中，实验者发现那些与母亲有 1 小时皮肤接触的婴儿生理状况更好。

❖ 你能抗拒诱惑吗——延迟满足实验

20 世纪 60 年代，美国斯坦福大学心理学教授沃尔特·米歇尔设计了一个著名的实验，即延迟满足实验。这个实验是在斯坦福大学附属幼儿园中进行的，实验者一共找来数十名儿童作为被试。

实验者把儿童安排在一个房间内，这个房间中只有被试自己一个人，还有一张桌子和一把椅子，桌子上放有一个盘子，里面盛着儿童喜爱的棉花糖。

实验者把儿童领到房间后会告诉他："你可以马上吃掉盘子中的棉花糖，但如果等我回来后再吃，你将会额外得到一块棉花糖。你还可以按响桌子上面的铃铛，当我听到铃声后就会马上赶到这里。"

对于这些儿童来说，这个等待的过程是十分难熬的，他们需要有顽强的自制力，因为诱惑就在眼前，美食触手可得。

实验者观察到，有的儿童为了不去看那颇具诱惑的棉花糖，会用手捂住眼睛或者转过身体，故意转移自己的注意力；有的儿童则开始做一些反映他们烦躁心情的小动作，如踢桌子或拉扯自己的小辫子等；有的儿童甚至会用手去打棉花糖。

实验表明，大多数儿童都选择了放弃，而且他们坚持的时间往往不会超过 3 分钟。有些儿童甚至根本没有来得及按铃铛就迫不及待地把棉花糖送进自己的嘴巴，而少数儿童则选择坚持半分钟后按响铃铛，然后吃掉棉花糖。

实验中只有 1/3 的儿童成功延迟了自己对棉花糖的强烈欲望，差不多 15 分钟后，实验者出现在他们面前，兑现了自己的承诺，给了儿童一块棉花糖作为奖励，而这些儿童最终吃到了两块棉花糖。

在这项实验结束后，米歇尔在一次与 3 个女儿（同样参加了延迟满足实验）的闲聊中，发现了一个有趣的现象，即这些儿童的学习成绩与他们参加实验时的延迟能力存在着密切的联系。这一发现让米歇尔决定对这些参加实验的儿童进行跟踪调查。

从 1981 年开始，米歇尔与那些参加实验的儿童的父母和老师联系，并且发出调查问卷，调查问卷的内容包括孩子的学习成绩、处理问题的能力以及与同学之间的关系等方面的问题。

通过这项调查研究，米歇尔发现，那些当年参加实验时马上按铃吃棉花糖的孩子不论是在家里还是在学校里都更容易出现问题，他们的学习成绩较差，而且承受压力的能力很差，很难与周围的人维持长时间的友谊。相反，那些坚持 15 分钟后再吃棉花糖的孩子在学习成绩上比其他的孩子要高很多。

当然，米歇尔的跟踪调查并没有结束，等那些孩子到了 35 岁左右时，米歇尔又展开了一项调查研究。结果发现，那些延迟满足能力差的孩子更容易染上毒瘾。

后来，米歇尔教授决定继续深入研究，他找来当年参加实验的孩子，并且用功能磁共振成像仪对他们进行脑部扫描，希望通过研究扫描图找出大脑中对延迟满足能力发挥作用的特定区域。此外，实验者还对被试进行了基因测试，以研究是否存在控制人类延迟满足能力的遗传因素。

许多心理学家都认为一个人成功的关键在于其智力的高低。但是米歇尔却认为，一个人的自控能力才是决定智商是否起作用的关键所在，而延迟满足能力其实就是自控能力。

延伸阅读

对于延迟满足实验的结果，有许多人提出质疑。例如，有的人认为，参加实验的儿童是否愿意等待15分钟与他们对棉花糖的渴望程度有关。如果有的儿童不是那么喜欢吃棉花糖，那么他就可以耐着性子等下去。但是一项调查很快就击碎了这个猜想。因为调查显示，孩子们都迫切希望尽快得到第二块棉花糖，这说明孩子们对棉花糖十分有兴趣。那么，到底是什么决定孩子们的延迟满足能力呢？

米歇尔通过观察发现，肯等待下去的孩子会转移自己的注意力，如捂着眼睛不去看棉花糖、唱歌、玩耍等。也就是说，他们对棉花糖强烈的渴望暂时消失了。因此，米歇尔说："如果孩子意识到学会转移注意力和思想就可以实现自我控制，那么他们就成功了一大半。"

❖ 示范的治疗作用——模仿学习疗法实验

在心理问题的治疗上，有一种心理学疗法被称为模仿学习疗法，又被称为示范性疗法，主要是利用人类通过模仿学习而获得新的行为反应倾向，帮助某些具有不良行为的人，以适当的反应取代不适当的反应，或者是帮助某些缺乏某种行为的人学习那种行为。

模仿学习疗法的心理学原理建立在社会学习理论的基础上。社会学习理论认为，学习行为的产生主要是通过模仿而获得的，也就是说，一个人通过观察其他人的行为反应而获得。这个理论得到了很多心理学家的认可与支持。

在一个人处于幼年时期时，他主要的学习行为就是模仿。甚至可以说，人们大量的行为都是通过模仿而获得的，人的不良行为也常常通过模仿而形成。例如，当一个儿童或成人经常看一些暴力型的影视剧，那么他的行为就会变得富有攻击性。

心理学家奥康诺尔曾经设计过一个著名的实验，这个实验虽然简单，但是却有效地证明了模仿学习疗法的作用。为了实验，奥康诺尔花费了不少时间，在幼儿园内挑选出 13 名具有社会孤独行为的儿童，这 13 名儿童在幼儿园中很少与同伴玩耍、交往。

奥康诺尔对其中 6 名儿童进行模仿学习治疗，其余 7 名儿童作为对照组。奥康诺尔示范的方式就是让这 6 名儿童观看幼儿园活动的录像。在这段录像中有这样一些镜头，一名儿童孤零零地看着其他儿童聚集在一起玩耍，不久之后，这个孤独的儿童也加入他们的队伍之中。而这些儿童并不排斥他，随即和这个孤独的儿童谈笑，并且主动把自己的玩具借给他玩。这些儿童对于这个孤独儿童的参与表现得非常积极和热情，然后这个孤独儿童就和其他儿童一起安静地看书、玩积木，最后一起快乐地相互追逐着玩耍。奥康诺尔给其余 7 名儿童，也就是对照组的儿童所观看的录像是一部关于海豚的纪录片。

等两组儿童都看完奥康诺尔提供的录像后（这属于模仿学习疗法的一个疗程），就开始检查这段录像对儿童所起到的示范作用，结果发现效果十分显著。实验组的 6 名儿童在观看录像之前几乎不和周围的人玩耍，总是一个人孤零零的。但是自从观看过那段录像之后，这 6 名儿童开始愿意参与到其他儿童的活动中，积极地和其他儿童一起玩耍。由此可见，那段录像对这 6 名儿童的行为产生了示范作用。

奥康诺尔观察到对照组的 7 名儿童依然表现出社会孤独行为。奥康诺尔为了证实模仿学习疗法所产生的效果可以保持很长时间，于是对实验组的 6 名儿童展开了追踪调查。通过调查，奥康诺尔发现在那 6 名儿童中，除 1 名儿童外都能在日常生活中保持良好的社会交往习惯。

针对那名依然处于社会孤独状态的儿童，奥康诺尔解释说，那名社会孤独儿童在观看录像的时候，由于机械故障，出现了音频与图像不同步的现象。也就是说，这段录像对这名儿童并没有起到所谓的模仿学习作用，所以才会出现这种依然处于社会孤独状态的现象。不论怎么说，奥康诺尔的这项实验都证明了模仿学习疗法的作用。

因此研究人员推断，如果儿童仅从象征示范（观看适当的范例就可以学习到所期望的新的行为方式）中就能得到治疗，那么可以设想电影、电视这样广泛性的传播工具，可以成为儿童心理治疗者的工具之一，就像奥康诺尔在实验中给儿童所观看的录像一样。

延伸阅读

对于模仿学习疗法，心理学家莫尔的看法是，观察者仅仅通过看到示范获得奖励，就可以学习这个示范的行为反应。也就是说，如果一个人看到另一个人因为帮助他人而获得了奖励，那么他也会学习这个人的帮助行为。相反，如果看到某人因为一种行为而受到了惩罚，那么观察者就会避免出现这种行为，以免受到惩罚。

但是心理学家班杜拉却认为，模仿学习的行为可以在既没有示范也没有奖励的情况下出现，一个人仅仅通过观察他人的行为反应就可以达到模仿学习的目的。

班杜拉把模仿学习疗法运用于对儿童的行为治疗上，并专门做过一个实验。班杜拉根据儿童父母的陈述以及对儿童怕狗行为的观察，将幼儿园中对狗感到恐惧的儿童划分为 4 个组，然后开始对每组儿童进行观察。

班杜拉通过对第一组儿童 8 次在一起活动的观察发现，有一个 4 岁的男孩不怕狗。这样一来，这个男孩就可以作为一个不怕狗的示范。班杜拉让这个男孩把一条狗带入第一组的其他儿童面前，然后这个男孩表现出对这条狗的逐步接近，亲热地抚摸狗。而且，这条狗对男孩不会造成任何伤害，它表现得十分温驯。这样一来，就会形成一种良好的氛围，渐渐消除其他儿童因为狗而表现出的恐惧与焦虑。

第二组儿童也会观看示范者与狗的亲近，但是这个小组中并没有形成良好的氛围。也就是说，这个小组中的儿童除会观察到示范者与狗的接触外，其他环境因素并未塑造出良好的气氛，以缓解儿童的恐惧和焦虑。

对于第三组儿童，班杜拉会组织他们一起观看狗，但是没有示范儿童出现。此外，班杜拉组织第四组儿童一起活动和玩耍，但是整个过程中不会出现狗和示范者。

一个月后，实验结束，班杜拉开始验收实验成果。他让每个小组的儿童分别接触实验狗和不熟悉的狗，然后观察每组儿童不同的恐惧行为。

结果发现，第一组和第二组的儿童显然可以接近实验狗和不熟悉的狗，而且这两组儿童的行为并无明显差别，其中有67%的儿童可以单独与狗待在一起。但是第三组和第四组的儿童却很少能做到与狗单独待在一起。

❖ 儿童什么时候获得意识——点红实验

在日常生活中，当你面对一个新生儿或是一个很小的孩子时，可能会想："孩子的脑子中到底在想些什么呢？"这个问题与意识有关，儿童是从什么时候开始有自我意识的呢？心理学家通过实验研究表明，儿童拥有意识的表现在于先获得主观自我，然后才有客观自我的意识。

在儿童的成长过程中，他会渐渐地意识到自己与他人是分离的，这就说明儿童已经获得主观自我。渐渐地，儿童又会获得客观自我的意识。有关客观自我意识的获得最经典的实验研究就是儿童照镜子反应。换句话说，当儿童意识到镜子中的影像就是自己时，就基本表明儿童已经获得了客观自我意识。

实验者会让被试儿童的母亲在儿童的鼻子上点上一个红点，然后让儿童照镜子，这项实验被称为“点红实验”。实验者通过实验发现，儿童在很小的时候就已经解了镜子的一些特性。例如，6 个月大的儿童在照镜子时，会伸手抚摸镜子中自己的影像，但是并没有意识到自己鼻子上的红点。当儿童 18 个月大的时候，大多数儿童都会伸手触摸自己鼻子上的红点。很明显，18 个月大的儿童已经意识到镜子中的那个影像就是自己，而对于鼻子上的红点会颇感奇怪，因为在儿童的记忆中自己鼻子上并没有红点。

延伸阅读

设计点红实验的实验者认为，尽管儿童在点红实验中表现良好，也不能证明儿童获得了完全的自我感，他们还需要获得包含时间成分的客观自我概念。也就是说，儿童开始把自己看作过去、现在和将来的连续存在体。为了证明这一点，实验者又设计了一个实验，这个实验被认为是点红实验的变式研究。

这次参加实验的是一些年龄为 30 至 42 个月大的儿童。在实验中，实验者会偷偷把一个标签放在儿童的头上，并且录像。

然后，实验者会给一部分儿童观看实况录像，从录像中儿童可以清楚地看到自己被插标签的整个过程。另一部分儿童会被实验者安排观看延迟 3 分钟的录像，即他们的头上已经被插上标签。

结果发现，实况组的儿童中有 2/3 的人会伸手把自己头上的标签取下来，而延迟组儿童中只有 1/3 会这样做。

这个实验结果说明，对于儿童来说，从过去的表征推断出现在发生的情况是一件很困难的事情。例如，在实验中，有的儿童即使观看了录像，也不知道把自己头上的标签拿下来，这是因为儿童无法把录像中有标签的自己与现在的自己联系在一起。

事实上，儿童4岁左右的时候就具备了这种能力，即观看延迟的录像后，可以把过去的自己和目前的自己联系起来，取下头上的标签。

❖ 幼儿心理成熟关键期——成熟与学习实验

美国儿童心理学家阿诺德·卢修斯·盖塞尔为了研究儿童心理成熟与学习之间的关系开展了一项实验。参加盖塞尔这项实验的是一对双胞胎兄弟，年龄还不满周岁，特别喜欢到处爬着玩耍。盖塞尔专门准备了一个实验道具——梯子，梯子总长为30厘米，被厚布缠绕着，每个格子间隔距离为5厘米，梯子的两边设有扶手。当盖塞尔把这架特制的梯子拿到兄弟俩面前的时候，他们都对这架梯子产生了浓厚的兴趣。但是他们尝试爬了很久，都没有成功。

接下来，盖塞尔就开始对兄弟俩中的弟弟进行训练，教弟弟如何爬梯子。盖塞尔每天都会训练弟弟10分钟的时间，一个月后，弟弟总算勉勉强强学会了爬梯子。

当弟弟接受6个星期的训练后，盖塞尔开始训练哥哥如何爬梯子，训练的方式与弟弟一样。但是盖塞尔发现，哥哥的学习能力似乎比弟弟要强一些。在哥哥学习两个星期后，盖塞尔就为兄弟俩准备了一场比赛。比赛的结果出乎意料，兄弟俩爬梯子的速度几乎不相上下。

这样的结果让盖塞尔十分意外，毕竟这兄弟俩的生理状况与成长环境几乎一样，而弟弟明明比哥哥早学习了6个星期，但是为什么却出现了相似的结果呢？后来，盖塞尔又让这兄弟俩分别学习了不同的东西，如抛接皮球、拧瓶盖、堆积木等，都得到了与爬梯子相同的结果。

这项实验证明，学习与训练的作用并不是无限的，学习与训练必须以孩子的生理发展为基础，也就是成熟的程度。盖塞尔还借此提出自己的观点，当儿童的生理结构没有发展成熟时，所有的学习与训练都是无效的，甚至会出现糟糕的结果。相反，只有当儿童的生理结构发展到一定阶段后，学习与训练才会产生效果。

延伸阅读

盖塞尔认为，对儿童的教育必须等到其能达到接受学习与训练的成熟水平之后才能进行。在所有哺乳动物中，只有人类的幼儿是最“愚笨”的，因为人类幼儿的各项心理品质与行为能力从发展到成熟都需要很长的时间。这是因为人类有着十分复杂的神经系统，而人们支配学习能力的神经系统会因人而异，所以每个人从发展到成熟所需要的时间也是不一样的。盖塞尔把幼儿从不成熟到成熟的发展过程称为“准备过程”。

盖塞尔认为，“先天的成熟”与“后天的学习”是儿童心理发展的两个基本因素。当对儿童进行学习与训练时，必须建立在生理成熟的基础上；当生理成熟之后，后天的学习与训练可以进一步促进儿童的成熟发展。用盖塞尔的话说就是“不成熟则学习无从产生，不学习则无法促进成熟”。

❖ 婴儿所看到的世界——婴儿视觉发展实验

人类的新生儿简直就是一个半成品，他们需要在成人的指引下，通过后天的学习才能渐渐获得生存的能力。许多成年人都喜欢在新生儿的面前晃动某种玩具，以引起新生儿的注意。但是医生们根据自己的工作经验指出，新生儿在出生几个星期之后才能看清物体。也就是说，新生儿的视觉不是一出生就具备的。

心理学家罗伯特·范茨为了研究婴儿的视觉活动发展，专门设计了一个可以观察和研究的小屋子，这个屋子被称为“注视小屋”。正是因为这间特殊屋子的存在，范茨才可以对婴儿的视觉活动进行一系列的实验研究。在这间特殊的小屋子中有一张婴儿床，婴儿床的上方挂着一些东西。这间房屋的特殊之处在房顶，范茨在房顶上开了一个可以窥视的小孔，通过这个小孔无声无息地注视着婴儿的一切举动。

范茨会不断更换婴儿床上方挂着的物体，然后仔细观察婴儿的各种反应，并用秒表记录下婴儿注视物体的时间。有一次，范茨把两个相同的三角形分别挂在婴儿的正上方与正前方 30 厘米处，然后观察婴儿的反应。结果范茨发现，婴儿注视这两个物体的时间是相同的。

根据这一发现，范茨认为婴儿注视相同的物体所用的时间是相同的，可能注视不同的物体所用的时间就不同了。根据所用时间不同，可以进一步判断婴儿是否有分辨物体不同形状与颜色的能力以及了解婴儿喜欢看到什么，或者是不喜欢看到什么。

为了得到这些疑问的答案，范茨决定在“注视小屋”内做一些实验。首先，范茨选择 8 周大的婴儿作为被试，向婴儿提供一张靶心图和一张横条图。通过观察，范茨发现婴儿注视这两张图片的时间明显不同，婴儿看着靶心图的时间更长一些。

后来，范茨对实验进行了改良。他选择 1 至 15 周大的婴儿作为被试，然后给这些婴儿提供一些不同复杂程度与形状的图片。结果范茨发现，婴儿对比较复杂的图像的注视时间较长，如果图形很简单，婴儿的注视时间往往很短暂。例如，在那些图片中，靶心图和条形图是比较复杂的，婴儿注视这些图的时间往往会有 20 秒钟。这个实验结果说明，婴儿已经具备分辨图形的能力，而且比较偏好那些复杂的图形。

在实验中，范茨还发现婴儿似乎对人脸比较感兴趣。于是，范茨为婴儿设计了两种大小一致的圆盘，圆盘上有图案，如人脸、文字、靶心图，还有 3 个上面分别涂着白、红、黄 3 种颜色。

通过观察发现，不论是出生只有几天的婴儿，还是 6 个月大的婴儿，都会长时间地注视画着人脸的圆盘，通常会注视 40 秒钟，有时甚至会注视 1 分钟。而婴儿注视涂着白、红、黄这三种颜色的圆盘的时间较为短暂，只有 10 秒钟。

延伸阅读

范茨之所以会设计“注视小屋”这个特殊的实验场所，是因为他之前所进行的实验观察都以失败而告终。

起初，范茨为了揭示婴儿视觉活动的发展，决定到医院去观察婴儿的视觉活动。范茨带去许多有意思的玩具，等婴儿清醒的时候，就用这些玩具去逗他们，然后记录下婴儿的反应以及看玩具的时间。但是不久之后，范茨就放弃了。因为他不仅很难记录下婴儿注视玩具的时间，而且搞不清楚婴儿到底是在注意玩具还是他的可笑表情。范茨为了避免出现这种情况，就设计了“注视小屋”以方便自己进行实验观察。

❖ 游戏的魔力——游戏的意义实验

心理学家科妮·赫特为了研究儿童在游戏过程中的探索行为，专门设计了一个实验。赫特挑选 30 名 3 岁到 5 岁的儿童作为这次实验的主角。在赫特的安排下，这些儿童会按照一定的顺序进行 8 个 10 分钟的游戏片段，每个游戏会间隔两天进行。

赫特安排第一个和第二个游戏片段的目的在于让被试产生熟悉的感觉，因此这个阶段被称为“熟悉化”。在这个阶段内，赫特会向被试儿童提供一些他们熟知的玩具，如汽车、积木等。

在接下来的6个游戏片段内，赫特会给被试儿童同时提供两大类玩具，即“熟悉玩具”和“超级玩具”。所谓超级玩具，就是赫特专门为这次实验制作的，是被试从来没有见到过的稀罕物。这个超级玩具其实是一个红色的金属盒，下面的4个支角是黄铜制成的。在这个超级玩具的上方有一个控制杆，被试可以从任何方向推动控制杆。超级玩具的上方还有4个计数器，这些计数器除了会记录下控制杆的方向，还会使一个蜂鸣器和一个铃铛作响。

在后6个游戏片段中，赫特会不断变换控制杆的功能，如在有些实验中，蜂鸣器和铃铛会被关掉，计数器也会被掩盖起来。赫特的任务就是在这6个游戏片段中详细记录下被试对超级玩具的反应。

有的人或许会认为被试一定会把超级玩具列入游戏之中。事实上，赫特所观察到的现象并非如此。起初儿童会采用十分严肃的态度对待超级玩具，似乎在努力弄明白这个超级玩具的具体用途到底是什么。赫特认为儿童的这种举动属于探索行为。

经过这个探索阶段后，儿童会产生这样一种心理：“我能用这个玩具干些什么？”这意味着真正的游戏行为开始出现。赫特观察到的现象是，有的儿童似乎把超级玩具当成小汽车，坐在上面；有的儿童把超级玩具当成麦克风，对着它来唱歌。

通过这个实验，赫特提出，儿童在探索阶段会努力搞清楚事物的本质。当儿童和这一事物渐渐熟悉起来后，就会进入真正的游戏世界。

延伸阅读

提起游戏，人们都会想到心理上和生理上的愉悦感。热爱游戏似乎是包括人类在内所有动物的天性，我们从一生下来就会自得其乐地玩耍，不需要经过后天的学习。游戏对儿童来说更重要，因为儿童的所有社会活动的内容几乎就是游戏。在游戏的过程中，儿童不仅可以获得自由快乐，还能学会怎么和伙伴和谐相处。

有关研究结果表明，没有玩具或者是没有与伙伴一起游戏的儿童，在认知发展上会远远落后于同龄人。这是因为游戏具有一定的魔力，它可以使儿童在没有外界要求的压力下自由地对外界环境以及他人进行观察和探索，而这一切都将促进儿童的认知发展。因此，心理学家们均认为，游戏所具有的吸引性与刺激性能促进儿童的智力发展。

❖ 孩子的声音世界——婴儿语音分辨实验

大量的实验研究表明，新生儿的听觉能力已经接近成人水平。那么，这是不是就意味着婴儿能够听懂成人之间的对话呢？关于这一点，心理学家爱默斯进行了一项有关婴儿语言分辨能力的实验。

在这项实验中，爱默斯采用习惯化的实验方法，即在实验中重复出现某种刺激或让被试长期接触某种事物。这种习惯化的实验方法，会让被试对刺激物越来越熟悉，甚至感到厌烦，这样被试注意刺激的时间会越来越短。当某种新的刺激物出现时，被试会感觉到这种变化，并且重新提起兴趣，集中注意力。

爱默斯进行实验的场所是一间宽敞且明亮的房间，房间中整整齐齐地摆放着婴儿床，床上躺着三四个月大的婴儿，每个婴儿都有一个橡皮奶嘴。当爱默斯用准备好的录音机播放一个“pa”的音节时，实验助手就把一个橡皮奶嘴放进婴儿的嘴巴里，婴儿会用力地吮吸起来，这说明婴儿在听到这个音节时产生了一定的压力。

在这段时间内，每当“pa”音节出现时，就会伴随着婴儿用力吮吸橡皮奶嘴的行为。一段时间后，婴儿即使听到“pa”这个音节，吮吸橡皮奶嘴的频率也没有之前那么高了，这说明婴儿的压力减小，并且感觉到厌烦。

然后，爱默斯会用录音机播放与“pa”类似的音节，结果婴儿又出现了一些紧张的情绪。当爱默斯播放一个与“pa”不同的音节“ba”的时候，婴儿似乎听到了一种新的声音刺激，又开始用力地吮吸橡皮奶嘴。这项实验说明，婴儿已经具备分辨不同语音的能力。

延伸阅读

除了以上实验，爱默斯还进行了另外一项实验。这项实验的目的在于证明婴儿不但具备分辨语音的能力，而且具备分辨不同频率声音的能力。

这次爱默斯以 4 至 8 个月大的婴儿为被试。在实验中，爱默斯会给婴儿的右耳戴上耳机，这样婴儿就会感觉到右边发出“du”的声音，面对这一新的声音刺激，婴儿会向右边扭头，似乎在寻找声音的来源。

爱默斯会不断地给婴儿的右耳听这个“du”的声音，直到婴儿习惯并且厌烦得不再向右边扭头后，他才会给婴儿换另一种新的、频率不同的音节“wu”。爱默斯发现几乎所有的婴儿都会出现扭头的现象，这说明婴儿已经觉察到这两种音节的不同。因此，他认为婴儿已经具备相当好的分辨不同频率声音的能力。爱默斯还发现，有些婴儿对不同频率声音的分辨能力甚至达到成年人的水平。

❖ 吸引婴儿的旋律——婴儿音乐能力实验

有关实验研究显示，新生儿具有基本的听觉能力，那么当新生儿听到音乐时会做何反应呢？有心理学家通过吮吸技术发现，即使出生后不到 24 小时的新生儿也会对音乐十分敏感。那些婴儿不仅能够分清楚噪声与乐音，而且为了能听到更多的乐音，会长时间地吮吸自己的手指。

在这个实验研究的基础上，心理学家穆格开始对婴儿的感知能力进行纵向的调查研究。穆格的研究对象是40名婴儿，纵向研究从新生儿诞生到两岁期间。

在医院一间特别设计的产房内，穆格开始了自己的实验研究。每个新生儿都独自躺在婴儿床上。护士会依照穆格的要求，在新生儿哭闹的时候播放高频率的音乐，并且有时还会伴随着尖锐的哨声。穆格在一边观察新生儿的反应并且记录下来。

此外，穆格为了深入研究还专门设计了几个不同的场景，以观察婴儿的具体反应。当婴儿哭闹时，让一个妇女去哄哄婴儿；或者让一名5岁的儿童在一边朗诵诗歌给婴儿听；或者是让孩子的父亲去哄婴儿。

穆格通过观察发现，婴儿面对这几种场景的反应是不同的。妇女和儿童的声音都可以让婴儿安静下来，婴儿似乎从这些声音中感受到了安全感。但是婴儿似乎并不喜欢成年男性的声音，因为不论父亲采用何种慈爱的声音去哄婴儿，婴儿都不理睬而继续哭闹。这是因为成年男子的声音比较低沉浑厚，不如女性或者儿童的声音频率高。

穆格在观察的过程中发现，当婴儿长到6至10周大的时候，脸上总会莫名其妙地出现笑容。这个时候，穆格就开始给婴儿听不同风格的音乐，有的奔放，有的欢快，有的轻柔。穆格很快就发现，婴儿十分喜爱轻柔的摇篮曲。当播放这种旋律的音乐时，婴儿总会很陶醉，并且慢慢进入睡眠。

延伸阅读

穆格通过这项实验观察总结出婴儿倾听音乐的能力。当婴儿处于0到4个月时，会对高频率和哨声十分敏感，并且在听到此类声音时变得很安静。

当婴儿4个月大以后，开始积极主动地欣赏音乐，喜欢听起来比较愉快或是比较优美的声音。当婴儿6个月大的时候，会随着音乐的旋律做出某种动作，尽管这种动作并不一定能跟上音乐的节拍，但是已经具有节奏感。

18个月大的时候，有10%的婴儿开始学会协调音乐的旋律与身体动作之间的关系。两岁时，婴儿开始学着安静下来倾听音乐，并且出现跟随着音乐节拍的肢体动作。

第四章

我们是乌合之众吗
——社会心理学经典实验

❖ 眼见为实，耳听为虚——从众心理学实验

20世纪50年代，美国心理学家所罗门·阿希进行了一项著名的从众心理学实验，实验的目的是了解从众的需要对我们的行为到底会产生多大的影响。

阿希选择7名男大学生作为被试，他们被安排在一个房间内，并围坐在一张会议桌的旁边。阿希告诉他们，这是一个视觉判断的实验。他们的任务很简单，只是判断卡片上某些线段的长度。其实，这7个参加实验的被试中只有一个是真正的被试，而其他6个人则是实验人员伪装的。

阿希会向被试提供视觉材料，即画有线段的卡片，卡片是成对出现的。其中一张卡片上画有3条不同长度的垂直线，被称为“比较线”；另一张卡片上画有一条垂直线，被称为“标准线”。这条直线的长度与上一张卡片上3条直线中的一条一样长。具体实验要求就是，被试需要找出第一张卡片上与标准线一样长的直线。

实验开始后，被试按照座位顺序一个接着一个说出自己的答案，这并不是一个难题，对于已经是大学生的被试而言，他们总能轻而易举地得出答案，并且对自己的答案信心满满。前两次实验，在座7个人的答案是一致的，他们选择了同一条直线，并声称这条直线的长度与标准直线一样长。

在第三次实验的时候，第一个被试拿到的卡片上面除了直线，还特意标明要求他说出口的答案，并且这是一个错误的答案。之后，其他5个人同第一个人的答案一样，即使他们知道这本来就是错误答案。在第三次实验中，坐在倒数第二个位置上的被试（不知底细的真正被试），坚持了自己认为的正确答案，但是他做出十分吃惊的表情。

第四次实验时，还是这个被试与其他人的答案都不一样，虽然他依然坚持了自己的答案，但这时的被试已经开始感到迷惑，对自己的答案产生了怀疑。

阿希为了消除这个被试的任何怀疑，就交代其他6名“被试”在18次实验中，有6次实验说出正确答案，剩下的12次实验都坚持错误答案。也就是说，被试大多数情况下都与其他人的答案不一样，而且被试明显处于两种对立力量中少数的一方，他必须站在一致不同意他判断的公众面前发表和坚持自己的判断和看法，这需要承受很大的心理压力。

实验结果表明，被试的正确率为63.2%，而没有受到其他人影响、单独完成测验的被试的正确率为99%。其中有75%的人在18次实验中至少有一次是从众的，也就是说放弃了自己的正确判断，而和众人一样坚持错误的答案。甚至有5%的人从头到尾都是随大溜，一错到底。只有25%的人自始至终坚持了自己的判断，即正确的答案。

延伸阅读

其实早在阿希之前就有一个人做过从众实验，他的名字叫作谢里夫。

谢里夫利用游动错觉的特点，让被试在黑暗的环境中判断一个光点运动的距离。由于人们对光点运动没有什么了解，所以出现了各种各样的距离判断。

后来，谢里夫让自己的助手以肯定性的口吻给被试指出判断距离的尺度。经过几次实验之后，谢里夫发现被试对光点距离的判断越来越接近助手所给出的判断距离的尺度。

之所以会出现这种错误判断的现象，是因为被试处于一种不确定的环境中，所以只好遵从他人的判断。

谢里夫这个从众实验与阿希从众实验的区别在于，谢里夫实验中出现的遵从行为是由于缺乏必要的知识所引起的，而阿希实验中出现的遵从行为则是盲目服从。换句话说，阿希的实验更接近于从众心理。

❖ 你会服从残酷的命令吗——服从实验

美国社会心理学家米尔格兰姆进行了一项著名的实验，即服从实验。实验结果表明，人类有一种天性，那就是服从权威的命令。在某种情景下，人们会背叛自己以往所遵守的道德规范，在服从权威的前提下去伤害一些无辜的人。

在实验开始之前，米尔格兰姆在报纸上登了招聘广告，广告的内容是："寻求志愿者来参加耶鲁大学的记忆力和学习方法的研究。不能是大中学在校生、年龄在 20 到 55 岁之间、身体健康的男性。"广告最吸引人的地方是报酬，志愿者每小时可以获得 4 美元外加交通费的报酬。这笔报酬在当时可不少。

最后 15 名工人、16 名售货员或商人、9 名在校专家成为这次实验的被试。此外，米尔格兰姆还聘请两位演员在实验中扮演相当重要的角色。其中一个扮演权威角色，在实验中对被试下达实验的各种命令，这个人在实验中表情严肃，且着装讲究，一看就是一个权威人士。而另一个人则扮演受到电击的受害人。

实验地点被安排在耶鲁大学社会互动实验室内。米尔格兰姆告诉被试："这是一项关于学习中惩罚效应的研究。身为老师的人需要对学生进行各种各样单词配对的联想记忆训练。如果学生回答错误了，作为老师的一方就必须对学生进行惩罚，也就是施加电击。而且学生每出错一次，老师就需要将电击的幅度增加一级。”

至于哪个人是老师，哪个人是学生，则通过抓阄的方式决定。当然，这个抓阄过程是被米尔格兰姆设计好的。不论怎么抓阄，被试都会得到老师的身份。

在米尔格兰姆的授意下，被试会亲自把学生绑在电椅上，并把复杂的连线和电极贴在学生的身上。学生面前有一个标着 A、B、C、D 按钮的装置，是用来回答老师问题的。然后被试，也就是扮演老师角色的人被米尔格兰姆带到另一个房间内。这个房间内，被试看不到学生，但是可以听到学生的声音。而米尔格兰姆则在另一个房间内通过单面镜来观察被试们的反应。

刚开始由于题目比较简单，所以学生们很少出错，但是随着题目难度的增加，隔壁的学生频频出错，而惩罚也不断地提高等级，被试施加给学生的电击等级越来越强。

当电击达到 75 伏时，学生开始出现痛苦的呻吟声；当电击达到 120 伏时，学生会痛苦地喊叫：“电击已经把我弄得很痛了！”当电击达到 150 伏时，学生会惨叫道：“我受够了，放我出去！”这时，有些被试会出现犹豫不决的情况，而站在一旁的权威人士会命令继续进行下去。

当电击到 270 至 300 伏时，被试会听到学生歇斯底里地喊叫：“快放我出去，我有心脏病。”当被试出现犹豫时，就会听到权威人士说：“请继续下去。”当电击超过 300 伏以上，学生就开始猛烈地撞击墙壁，听起来十分痛苦。这时，有的被试会用乞求的语气向权威人士恳请结束实验。而权威人士会用更加严肃的语气命令道：“继续进行实验是极其必要的。”当电击超过 330 伏时，被试听不到隔壁有任何声音。这时，权威人士仍会告诉被试：“不回答问题与回答错误会受到相同的惩罚，你没有别的选择，只能继续下去。”

以下是米尔格兰姆的统计结果：当电击为 15 伏到 60 伏（轻微电击）时，有 0 个被试拒绝执行命令；当电击为 75 伏到 120 伏（中等电击）时，有 0 个被试拒绝执行命令；当电击为 135 伏到 180 伏（较强的电击）时，有 0 个被试拒绝执行命令；当电击为 195 伏到 240 伏（很强的电击）时，有 0 个被试拒绝执行命令；当电击为 255 伏到 300 伏（猛烈的电击）时，有 5 个被试拒绝执行命令；当电击为 315 伏到 360 伏（极为猛烈的电击）时，有 8 个被试拒绝执行命令；当电击为 375 伏到 420 伏（危险且严重的电击）时，有 1 个被试拒绝执行命令；当电击为 435 伏到 450 伏（危及生命的电击）时，有 26 名被试拒绝执行命令。

这个实验的结果令人相当震惊，有 65% 的人会执行权威命令而不顾学生的死活，把实验进行到底。在实验结束后，米尔格兰姆对这些人进行了一项人格测试，结果表明 40 个被试中没有一个是虐待狂，甚至可以说他们在人格上没有一点儿缺陷。据调查，这些被试不论在家庭中还是在工作单位中都是很正常的人。但是在实验室这样特殊的情景中，他们却做出了那样残忍的事情。

延伸阅读

早在米尔格兰姆之前，就有人做过类似的服从实验。例如，有的研究者会用权威人士的口吻命令被试割下可爱的小白鼠的脑袋，这种事情按理说一般没有人会去做，但是实验结果表明：有 70% 的人会按照研究者的要求去做。如果研究者穿着医生的装束，要求被试做一些奇怪的动作，大部分被试也会没有异议地照做。

虽然这些实验结果表明人们身上那种天生服从权威的特性，但是这些实验研究过于简单且不规范，所以人们更加信服米尔格兰姆的服从实验。

米尔格兰姆的服从实验得益于阿希的从众实验。米尔格兰姆在攻读社会心理学硕士期间，他的导师就是著名的社会心理学家所罗门·阿希。在观看阿希的从众实验后，米尔格兰姆颇为震惊的同时，也觉得人类服从倾向不能只用判断线段长短作为依据，于是就设计了这个能剖析人性更深层面的服从实验。

❖ 慈善是一场“秀”——贴标签实验

心理学家认为，人们之所以会出现贴标签效应，是因为所贴的标签具有定性导向的作用。不论被贴上的标签是好还是坏，都会对这个人的个性意识产生强烈的影响，这种个性意识会决定人们的自我认同，当他认为自己就是标签上所说的那种人时，他的行为会渐渐接近标签上的规定。所以，贴标签往往会产生这样的结果——使当事人朝着标签所规定的方向发展。

心理学家克劳特专门设计了一个实验证明贴标签效应。克劳特找来一群被试，让他们做一些慈善活动，即捐钱。然后根据被试是否捐钱给被试贴上“慈善的”或“不慈善的”的标签，也有的被试没有被贴上标签。

后来，克劳特继续让这些被试参加慈善活动，这个时候贴标签效应就起作用了。那些被贴上“慈善的”标签的被试在捐钱的时候明显比那些没有贴标签的被试要捐得多，而那些被贴上“不慈善的”标签的被试比没有贴标签的被试还要捐得少。克劳特认为，被试之所以出现这种行为，就是被所贴标签影响的。

克劳特的实验是在 1973 年进行的。对于这个实验结果，心理学家斯弟尔认为并不完全正确。因为当一个人被贴上消极的、负面的标签时，那么这个人的行动可能会朝着相反的方向发展。

为了证明这个猜想，斯弟尔于 1976 年进行了一项实验研究。斯弟尔给一些人打电话，说他们参加了某个团体活动（或没有参加），或者对那些人说一些有关某个团体不太正面的评价。斯弟尔表示，希望对方能帮助这个团体建立一个饮食合作社。结果发现，那些被贴上“消极”标签的人更愿意帮助这个团体建立饮食合作社。斯弟尔认为，之所以会出现这种与期待相反的结果，就是因为那些被贴上“消极”标签的人认为，这种标签有失公平，所以他们更想改变这种不公平的现象。斯弟尔通过这个实验向我们说明，有时候“消极”的标签往往会比“积极”的标签起到更大的作用。

延伸阅读

美国的心理学家曾经针对部分士兵军纪涣散、士气低落的问题，在军队中做过一次实验。他们挑选一批不遵守纪律、不服从指挥、作风懒散、表现不佳的士兵作为被试。实验的内容就是让这些士兵给家人写信，在信里，士兵要告诉家人自己在部队表现优异，能够遵守纪律、服从命令、英勇无畏等。每隔一段时间，士兵都要给家里写一封类似内容的信。一段时间后，这些士兵的表现有了很大的改观，他们真的变成信中描述的样子。

心理学专家对士兵的训练利用的就是贴标签效应，士兵每周给家人寄的信就是标签。受到这些信件的影响，表现不佳的士兵开始按照信件中描写的那样去要求自己，并且不断地进行自我暗示，最后他们真的成为一批优秀的军人。

❖ 汉恩博士的恶作剧——假病人实验

1972 年，斯坦福大学心理学系教授罗森·汉恩进行了一项著名的实验，这项实验是用罗森·汉恩本人的名字命名的，但是人们更喜欢用“假病人实验”来作为这个著名实验的名字。在这个实验中，罗森·汉恩恶作剧般的让被试假扮精神病人。

罗森·汉恩招募了8个被试，这8个被试中有3名女性和5名男性。他们的职业分别为心理学家（三人）、儿科医生（一人）、精神病学家（一人）、画家（一人）、家庭主妇（一人）、研究生（一人）。罗森·汉恩等这8个人到齐之后，向他们说明了实验任务。

之后，这8个人出现在不同的精神病医院内，他们按照罗森·汉恩的嘱咐，告诉精神病医生自己有严重的幻听现象。除此之外，这8个人的言语和行为都表现得很正常，而且他们除了对自己的姓名和职业保密，所有一切都会如实告诉医生。

最终，这8个人中有7个人被医生诊断为躁狂抑郁症，另外一人被诊断为其他精神疾病。于是，这8个人被理所当然地送进精神病院中接受治疗。这8个人按照罗森·汉恩的嘱咐，在精神病院中所有言行都表现得和正常人一样，而且之前假装的幻听也没有再出现过。总之，他们没有任何精神病理学上的症状，完全属于正常人。这8个被试不知道自己什么时候才能出去，按照罗森·汉恩的要求，他们只有到医生认为他们精神正常的时候才可以出院。而且在此期间，他们需要做笔记，把自己的经历记录下来。当然，这8个被试也会得到医生给的专门治疗精神病的药，但都被被试偷偷扔进厕所冲走了。

令人感到惊讶的是，全部8个被试一个也没有被放出精神病院。即使他们表现十分正常，依然没有一个医护人员提出异议，医护人员认定这8个人就是精神病人。而之所以会这么认为，是因为精神病院中的所有患者都被贴上“精神病”这个标签，所以自然会往精神病的方向去看待他们的行为。

不过最有意思的是，精神病院中真正的精神病人意识到了问题所在。据调查，3个假病人所在的精神病院中，118个真病人中的35个对被试表示怀疑：“你们根本不是疯子！你们是记者或编辑，你们是来调查医院的。”

后来，这 8 个人向医护人员提出出院的请求，并告诉医护人员，他们是正常人，来这里不过是配合一位心理学家的实验而已，现在实验已经结束，他们应该回到正常的生活中。正是因为这一请求，让医护人员认为这些精神病人的“妄想症”更加严重了。由于这 8 个人的情况从来没有见到过，所以医护人员专门发明了一些精神病理学上的新术语，用来描述假病人的病情，如把假病人与他人之间的交流命名为“交谈行为”；认为假病人做笔记的行为是精神病病情的新发展，并命名为“做笔记”。其实，8 名被试在早期做笔记的时候还会隐藏，但是后来他们发现根本无须隐藏，因为医护人员会认为这也是一种精神不正常的表现，甚至还会专门记录在案。

结果，这 8 个假病人引起了精神病院的重视，每天都会有医护人员专门记录这 8 个假病人的具体行为，也就是病情记录。

后来，这 8 个被试被罗森 · 汉恩博士领出精神病院。他惊奇地从被试的笔记中发现，在精神病院中，病人与医务人员之间的交流非常少，而且交流的方式往往很古怪，被试表示自己无法理解这种交流方式。甚至可以说，精神病人与医护人员之间几乎没有任何实际的交流。

罗森 · 汉恩还发现，在精神治疗中，精神病院往往会滥用精神类药物。根据被试的记录，住院期间精神病院一共发给 8 个被试 2100 片药物。要知道，精神类药物会对人产生非常大的副作用。被试还发现，就连精神病院中的真病人也会偷偷把药片扔到厕所中用水冲走。

甚至有的女护士会当着男性精神病人的面换衣服。根据被试的观察，这并不是女护士在故意挑逗男性精神病人，而是因为在这些女护士的眼中，精神病人根本不是真正的人，自然不能当作人来对待。

罗森 · 汉恩的这个实验研究证明，精神卫生机构并不能把正常人与精神病人真正划分开来。同时，罗森 · 汉恩还揭示了诊断标签的危险性，一个人一旦被贴上“精神病”标签，那么这个人所有的其他特征都会被这个标签所掩盖，所有的行为和人格特征都会被认为是精神病的表现。

延伸阅读

罗森·汉恩博士进行的“假病人实验”可以说是一个不小的恶作剧，在精神病专业领域引起了巨大的轰动。但是，罗森·汉恩博士的恶作剧还没有结束。

在这个假病人实验结束后，罗森·汉恩博士通知精神病院的医护人员，在未来三个月内，他会继续派遣假病人悄悄潜入他们的精神病院中。其实，罗森·汉恩博士并没有这么做，未来三个月内他根本一个假病人都没有派出。

但是，戏剧性的一幕出现了，三个月过后，精神病院的医护人员诊断出193名“假病人”。这193名“假病人”事实上是精神病院中的真病人。罗森·汉恩的这一恶作剧再次证明，从心理学的角度看，精神病学诊断的效度是十分值得怀疑的。

❖ 智慧的学者与残忍的罪犯——刻板印象实验

苏联社会心理学家包达列夫做过一个十分著名的实验。在实验中，包达列夫把一个人的照片分别给两组被试看。照片上这个人的外貌很有特点，眼睛深深地凹陷下去，下巴往外翘。此外，包达列夫还给两组被试介绍照片上的人的情况，只是介绍的内容不一样。

包达列夫告诉甲组被试说：“这张照片上的人是一名罪犯，他罪大恶极。”他对乙组被试说：“照片上的这个人是一个著名的学者，他学识渊博。”最后，包达列夫会请甲组和乙组的被试对照片上的人进行评价。

甲组被试通常认为，这个人眼睛凹陷，说明他是一个凶狠且狡猾的人，而外翘的下巴则说明他冥顽不化的性格。乙组被试认为这个人凹陷的眼睛透露出深邃的眼神，说明这个人是一个有思想、有内涵的人，而下巴外翘则说明他具有探索真理的顽强精神。

同样一个人，同样一张照片，甲乙两组被试的评价却有如此大的差异，为什么会出现这样的现象？就是因为包达列夫对他们所说的话。人们对社会上各种类型的人都有一定的定性认知。

当人们把照片中的人当作罪犯时，那么深陷的眼睛和外翘的下巴就成了消极性格的象征；当人们把这个人当作学者看待时，那么他的外貌特征就成了优秀性格的外在表现。

最终，包达列夫把这种现象总结为“刻板印象效应”，即有些人总是习惯于把人进行简单机械的分类，把某个具体的人看成某类人的代表，把某类人的特点安在某个人身上，从而影响正确的判断。甚至可以说，刻板印象就是一种偏见。刻板印象有时候会产生一定的危险，因为我们总会先入为主地下结论，这会影响我们做出正确的判断。

延伸阅读

刻板印象不仅会影响我们对一个人正确的判断和评价，还会影响我们的行为。以下这个实验就是一个有力的证明。

实验者找来了 30 名被试，并把他们随机地划分为两个实验小组。被试的任务很简单，就是解读实验者给出的词语的意思。

实验者给第一组的词语都是一些与年老有关的词语，如无助和皱纹等；而给第二组的词语则是与年龄无关的词语。

词语解释环节结束后，实验者会把被试带到一条 9.75 米长的走廊上，并告诉被试，“你需要走过这条走廊”。实验者的任务就是测量被试走完走廊的时间以及走的速度。

结果发现，那些解释与年老有关词语的被试行走速度很缓慢，走完走廊所花费的时间也比较长，而解释与年龄无关词语小组的被试则没有这种现象。

实验者认为，第一组被试在解释那些词语的时候，头脑中已经产生有关老年的刻板印象，而这个刻板印象会在不知不觉之中影响他们的行为，所以才出现了行走缓慢的老年人举动。

❖ 先入为主的第一印象——优先效应实验

在现实生活中，我们总会被先入为主的印象所影响。在接受外界信息时，前面出现的信息比后面出现的信息所形成的印象更深刻，且这种印象维持的时间比较长，会影响我们对之后所发生事情的整体印象。例如，当我们刚刚看到一个人时，会留下第一印象，这个第一印象会影响我们对这个人整体的评价，而且维持的时间会比较长，难以改变。这种心理现象被称为“优先效应”，也叫作首因效应。

首先对这个领域进行研究的是著名社会心理学家阿希。阿希专门设计了一个实验。在实验中，阿希会让被试看 6 个名词，这 6 个名词是用来形容一个假想人的。

阿希将被试分成两个小组。第一组得到的形容词按照这样的顺序排列：（1）聪明的；（2）勤奋的；（3）冲动的；（4）爱批评的；（5）顽固的；（6）嫉妒的。第二个小组得到的形容词是按照另一种顺序排列的：（1）嫉妒的；（2）顽固的；（3）爱批评的；（4）冲动的；（5）勤奋的；（6）聪明的。可以看出，两个小组得到的形容词完全一样，但是排列顺序却完全相反。

当被试看完形容词以后，阿希要求被试对这个假想人进行评价。结果发现，第一组被试对假想人的评价更高，认为这个人比较优秀；而第二组被试对假想人的评价比较低，认为这个假想人的品性不怎么样。

后来，心理学家琼斯的实验也证明了优先效应的存在。琼斯给被试一份材料，这份材料上记载了两个大学生完成能力测验任务的具体情况。当然，这份材料是琼斯故意准备的实验材料。

被试会看到第一个大学生在开头几个项目上完成得十分成功，但是后来成功率却持续下降。第二个大学生在开头几个项目上完成得很糟糕，几乎没有成功的，但是后来却稳步上升，成功率越来越高。两个大学生所做的题目一共有 30 道，他们每个人都答对了 15 道。也就是说，这两个人的能力是相当的。

等被试看完两个大学生的测试成绩后，琼斯要求被试对这两个大学生的智力进行评价，并推断一下这两个大学生在以后的 30 个测试项目中会得到什么样的成绩。结果，被试普遍认为第一个大学生的智商更高些，而且会在接下来的测试中获得比第二个大学生更好的成绩。

琼斯认为，被试之所以会出现这样的评价和推断，是受到了优先效应的影响。虽然材料中两名大学生的测试成绩一样，但是那个开头有良好成绩的大学生会给被试留下一个聪明的印象，虽然后来他频频出错，还是没有改变他留给被试的聪明印象。相反，那个开头成绩很差的大学生，一开始就给被试留下了笨蛋的印象，即使在后来的题目中逆袭了，但是依然没能改变他在被试头脑中形成的第一印象。

延伸阅读

美国社会心理学家洛钦斯于 1957 年用实验证明了首因效应的存在以及首因效应对人的影响。在实验开始之前，洛钦斯编写了两个故事作为实验道具。

两个故事都描写了学生詹姆的生活片段。在故事中，詹姆被描写成两个性格完全不同的人。第一个故事中的詹姆是一个热情且外向的人；而第二个故事中，詹姆是一个冷淡且内向的人。

第一个故事是：有一天詹姆决定去文具店买文具，他叫上两个朋友一起去，走在洒满阳光的道路上，十分惬意，詹姆不断地和朋友们聊天。当詹姆走进文具店后，发现文具店的人很多，于是他一边等待，一边和遇到的熟人聊天。詹姆买好文具后，在路上遇到了熟人，打了个招呼后就继续往学校的方向走去。后来，詹姆遇到了不久前刚刚认识的女孩，两个人说了几句话后就告别了。

第二个故事是：放学后，詹姆独自一人离开教室。走出校门，他准备直接回家。天气不错，阳光很充足，但是詹姆却没有晒太阳，而是走在道路的树荫下面。詹姆看到了不久前遇到的漂亮女孩，但是他们并没有说话。詹姆走到一家餐饮店，决定买杯饮料。店内挤满了人，詹姆看见几张熟悉的面孔，但是他只是安静地等待着。等服务员注意到他之后，詹姆才对服务员说出想要的饮料。詹姆拿着饮料，坐在墙边的椅子上喝着。喝完饮料后，詹姆就直接回家了。

洛钦斯在进行实验时，把这两段故事进行了排列组合。第一种组合是，将表现詹姆热情外向的故事放在前面，表现詹姆冷淡内向的故事放在后面。第二种组合是，将詹姆冷淡内向的故事放在前面，表现詹姆热情外向的故事放在后面。第三种组合是，只给被试呈现表现詹姆热情外向的故事。第四种组合是，只给被试呈现表现詹姆冷淡内向的故事。最后，洛钦斯会让被试对詹姆的整体性格进行评价。

实验结果表明，看到第一种组合的被试中有 78% 认为詹姆是一个比较热情和外向的人，看到第二种组合的被试有 18% 认为詹姆是一个外向的人，看到第三种组合的被试中有 95% 认为詹姆是外向的人，看到第四种组合的被试只有 3% 认为詹姆是一个外向的人。

❖ 我们喜欢志同道合的人——人际相似性实验

美国心理学家纽科姆在密执安大学进行过一次人际相似性实验，参加实验的被试是17名大学生。纽科姆为这些被试免费提供4个月的住宿，作为交换，大学生答应纽科姆定期参加谈话和心理测试。

大学生在进入免费宿舍之前，纽科姆会先安排他们参加有关政治、经济、审美、社会福利等方面的测试。在这些心理测试中，纽科姆可以对被试的态度、价值观以及他们的人格特征做一个简单的了解。

这是人际相似性实验的第一步，也是必不可少的一步。纽科姆会根据测试的结果，将那些态度、价值观以及人格特征相似和不相似的被试混合着安排在几个房间内，他们需要在这里生活4个月。

在这4个月内，纽科姆会定期测试被试对政治、经济、审美和社会福利等方面的看法和态度。然后，纽科姆会让被试对舍友进行评价，并且说出自己喜欢谁或讨厌谁。

实验结果表明，在被试刚刚入住免费宿舍时，决定人际吸引力的因素在于空间距离的远近。如果两个人的床铺是相邻的，那么这两个人就会先相互了解，自动走在一起，展开人际交往。

可是，随着被试入住免费宿舍时间的延长，他们彼此之间的人际交往关系会发生微妙的变化。换句话说，就是后期人际交往的相互吸引力发生了变化。舍友们之间开始出现了“抱团”的现象，也就是说，整个宿舍中的人开始分开交往。纽科姆通过调查发现，那些态度和价值观比较相似的人会聚集成一个团体。也就是说，相似性决定着彼此之间的吸引力。越是相似，人际交往的吸引力越是强烈。

此外，心理学家还通过进一步的调查研究发现，在人际交往中，当一个人发现对方和自己在态度或价值观上相似，那么即使对方的性格有其他方面的缺陷，他依然会和这个人继续交流。这是因为，相似性所产生的巨大吸引力弥补了性格上的缺陷。

延伸阅读

在社会交往中，人与人之间在相互认识后会形成一定的情感联系，而这种情感联系的形成主要表现在人际吸引上。如果一个人对你而言没有任何吸引力，那么你就不会主动与之交往，自然也不会出现所谓的情感联系。那么，什么才是人际吸引呢？简单来说，人际吸引就是个体与他人之间情感上相互亲密的状态。而人与人之间的相似性是构成人际吸引的关键所在。

心理学家按照人际吸引的程度，把人际吸引划分为亲和、喜欢和爱情这三种基本的形式。其中，亲和是最低级的人际吸引形式，喜欢属于中级，而爱情则是最高级、最强烈的人际吸引形式。

爱和爱情是社会心理学研究的新领域，其中爱的范围十分广泛，但是爱情却比较狭隘，主要包括男女之间的人际交往关系。大多数心理学家认为，愉快和痛苦的感觉都可能产生爱情。心理学家达顿等人为了研究恐惧情绪与异性吸引之间的关系，专门设计了一个实验，实验报告于1974 年发表。

达顿找来一批年轻男性作为被试，然后把他们随机分成两批，所有的被试都需要在实验中走过一座桥。其中，一批男性所走的桥是安全的，没有危险性，不会让他们产生恐惧的情绪。但是另一批男性的运气就没这么好了，他们所走的桥充满了危险，尽管他们并不会受到人身伤害，但是这种潜在的危险会使他们出现恐惧的情绪。

在桥的尽头会有一位美丽的女大学生在等待着他们，女大学生会让他们填一份调查表，填完后，被试会得到女大学生的联系电话。女大学生告诉被试，如果想了解调查问卷的具体情况可以打电话联系她。当然，这只是借口而已，这么做的目的是给被试制造接触美丽异性的机会。

实验结果表明，通过具有危险性桥的33名男性在实验结束后有9名男性打电话联系了女大学生，而通过安全桥的33名男性在实验结束后只有2人打电话联系女大学生。

在人际交往中，人与人之间的相似性的确可以增加人际交往的吸引力。但是对于爱情这种特殊的人际交往形式，就要考虑到很多方面。达顿所做的实验就是一个有力的说明，愉快与痛苦的情绪体验都可以点燃爱情。

❖ 人多才给力——社会助长现象实验

1897年，著名心理学家特里普里特在《美国心理学杂志》上发表了一篇文章，介绍了自己的一个实验报告，即考察他人在场和竞争对个人行为所产生的影响。

特里普里特所设计的实验步骤如下：他让被试在3种不同的情况下骑车，一共需要骑行25英里。第一种情景是被试单独骑车，整个骑车的过程只有被试一个人；第二种情景是让一个人跑步陪伴着被试；第三种情景是被试和他人进行骑车比赛。

实验结果表明，当被试独自完成25英里的路程时，平均时速为24英里；有人跑步陪伴时，被试的平均时速为31英里；有人骑车比赛时，被试的平均时速为32.5英里。

特里普里特通过这个实验结果提出了社会助长现象的理论，即一个人单独进行工作的效果，往往不如和一群人一起做同样的工作，因为这样可以提高工作效率。也可以说，个体在群体活动中可以增加工作的数量和质量，因为群体可以带来社会助长效应。

特里普里特的社会助长实验在《美国心理学杂志》上一经发表，立刻引起了社会心理学家很大的兴趣，许多心理学家纷纷投入了研究。其中，心理学家奥尔波特在1916年到1919年进行了有关社会助长现象的一系列实验，找出了社会助长现象产生的原因。

在实验开始之前，奥尔波特首先准备了相关的实验材料，即两套汉语词汇，其中一套比较简单，另外一套相对复杂。参加实验的被试是初中、高中、大学的学生，还有青年工人。被试在实验中的任务就是学习这两套汉语词汇。

奥尔波特让被试在两种完全不同的环境中分别学习两套汉语词汇，一种环境是被试单独学习，另一种环境是被试在一个团体中和其他人一起学习。奥尔波特在实验的过程中详细记录下被试在不同环境中学习的情况以及学习效率、成绩等。接下来，奥尔波特把这些记录的材料通过统计和分析，制作成被试在两种不同环境中的学习成绩曲线，并从中寻找环境与学习成绩之间的规律性联系。

通过一系列的分析，奥尔波特等心理学家得出这样的结论：当被试学习比较简单的汉语材料时，在团体中的学习效率比单独的学习效率更高，获得的学习成绩也较好；但是如果被试需要学习的汉语材料变得复杂，情况就完全相反了。

奥尔波特通过这个实验结果告诉人们，在安排工作的时候，为了提高工作效率，最好根据具体的情况而定。当人们所从事的工作是简单性的劳动时，如流水线的工作等，尽量让人们在团体的环境中工作，因为当一个人单独从事此类工作时，会很容易产生孤独感和疲劳感，造成的直接结果就是工作效率降低。相反，如果一个人所从事的工作是比较复杂的，如学术研究等，最好是单独一人在一个安静的环境中完成，因为这样有利于当事人进行深入的思考，更有利于提高工作效率。如果是在团体环境中，当事人便无法静下心去完成要做的工作。

上述现象又被称为“社会抑制现象”，与社会助长现象相互对应。工作环境对工作效率的影响，到底是出现社会助长现象还是出现社会抑制现象，主要取决于当事人工作的性质和所从事工作的技能娴熟程度。通过奥尔波特的实验结果我们知道，当从事复杂的工作时，当事人需要在单独的环境中进行；当一个人所从事的工作是简单易行的，那么需要在团体环境中进行。但是，如果一个人刚刚开始从事一份工作，即使这种工作是简单易行的，他也需要在单独的环境中熟悉工作流程和技能，只有在他对工作渐渐熟悉起来之后，才适合在团体环境中工作，否则团体的工作环境只会干扰他掌握工作流程和技能的速度。这样一来，所出现的就不是社会助长现象，而是社会抑制现象。

除此之外，奥尔波特还总结出社会助长现象出现的原因。首先，当一个人与其他人一起工作时，会在意其他人的评价，这样会增加当事人对工作的重视度以及兴奋度；其次，许多人一起工作，会在不知不觉中形成一种竞争关系，这种竞争有利于工作效率的提高；最后，当一个人单独处在一个环境中，会产生单调和孤独的感觉，从而出现心理疲劳感，对工作提不起兴趣来，相反，如果是在团体中就不会有这种感觉。

有关社会助长现象与社会抑制现象，心理学家札琼柯与卡特莱尔等人也用实验进行了证明。他们让被试分别在单独和团体两种场景中学习有关单词的配对。单词配对主要由两类单词组成，其中一类是同义词，学习起来比较简单；另一类是由无关单词组成，学习起来比较困难。

实验结果表明，比较容易的学习中，团体的学习环境会产生所谓的社会助长现象，提高被试的学习成绩和效率。但是在比较困难的学习中，团体的学习环境会带来社会干扰，反倒不如单独一人的学习效率高。

延伸阅读

在团体作业中，不仅会出现社会助长现象和社会抑制现象，还会出现社会惰化现象，即团体的作业环境会使个体的努力水平降低，也就是说，当一个人需要完成一项群体任务时，个体所付出的努力会比单独情况下所付出的少。关于这种现象，法国人瑞琼曼在1913年的时候用实验进行了证明。

瑞琼曼以一场拔河比赛作为实验。在实验中，瑞琼曼安排被试在两种不同的情景下进行拔河比赛，即单独与群体。然后，再用仪器来测量被试在比赛中所用的拉力，也就是被试为赢得比赛所付出的努力程度。

瑞琼曼通过拉力测量惊奇地发现，在拔河比赛中，随着被试人数的增加，每个被试平均使出的拉力有所减少，也就是说，每个被试在赢得比赛中所付出的努力越来越少。

实验结果表明，当一个人参加比赛时，他的平均拉力为63公斤；当3个人共同参加比赛时，每个人的平均拉力为53.5公斤；当8个人共同参加比赛时，每个人的平均拉力仅为31公斤。这个实验结果表明，当人们被要求共同完成一项工作任务时，群体人数越多，每个人所出的力就会越少，也就越容易出现社会惰化现象。

这种社会惰化现象不仅出现在实验中，在现实生活中也十分常见。例如，根据有关人员的研究和统计，在苏联，私有土地仅仅占总农用地的1%，但是产量却非常可观，竟然占据农业总产量的27%。在匈牙利，私有土地的产量也十分可观，据相关数据统计，农民曾经在13%的自有耕地上生产出全国1/3的农产品。在中国，自从1978年实行土地承包责任制以后，农作物的总产量每年递增8%，这种增长速度是过去26年内平均增长幅度的2.5倍。之所以会出现这种不可思议的现象，有很大一部分原因是没有了社会惰化现象。

❖ 冷漠的旁观者——责任分散效应实验

纽约州立大学的社会心理学家约翰·巴利和哥伦比亚大学社会心理学家比博·拉塔内在 12 年内做过十几次不同的实验，实验的结果都证明了一种社会现象，即责任分散效应。

在这十几个实验中，有一个实验最为经典。被试按照实验者的要求在一个休息室内等待实验开始。事实上，实验已经开始，只是被试不知道而已，这都是实验者的有意安排。

在被试等待的过程中，房间某处会突然冒出浓烟，好像着火了一样。如果房间内只有被试一个人，那么几乎所有的被试都会毫不犹豫地呼救。但是，如果房间内有其他人存在的话，情况就会大为不同。有时，被试会和几名伪装成被试的实验助手在一起，共同等待着实验开始。当房间冒烟时，被试会观察房间内其他人的反应，如果被试发现那些实验助手没有任何反应，他们很少立刻做出应有的呼救行为，而是表现得十分漠然，好像房间内的烟不存在一样。

在另一个实验中，被试被安排打电话。当被试以为只有自己一个人和对方通电话时，如果对方的癫痫病突然发作了，有 85% 的被试会立刻冲出实验室，向工作人员报告有人发病了，需要救助。但是，如果被试以为还有其他 4 个人同时在和一个人通电话，那么对方突发癫痫病时，他们的态度会出现微妙的变化，变得更冷漠一些，只有 31% 的人会立刻采取呼救行动，救助癫痫患者。

约翰·巴利和比博·拉塔内通过实验结果提出了责任分散效应的理论，也称为旁观者效应，即当一个人遇到紧急情况后，如果有其他目击者在场，那么这个人就会以一种旁观者的姿态看待紧急情况，因而会出现无动于衷的反应。

约翰·巴利和比博·拉塔内认为，在一个群体中，帮助人的责任会被分散，当旁观者越多时，每个人所感受到的救助责任就会越少。

延伸阅读

约翰·巴利和比博·拉塔内之所以会花费12年的时间，设计十几个实验证明责任分散效应，是因为一个案件。在他们决定进行这项实验的4年前发生过一起恶性案件，这是一起十分普通的凶杀案，但是却引起了整个美国的震惊，并很快成为《纽约时报》的头版新闻。人们之所以会如此关注这起案件，是因为这本是一个不该发生的悲剧。

这起案件发生在1964年，地点在纽约昆士镇皇后区克纽公园，被害人名叫吉娣·格罗维斯，她是一名28岁的酒吧经理。由于在酒吧工作，吉娣·格罗维斯经常凌晨下班，然后开车回家。但是，让吉娣·格罗维斯没有想到的是，这一次她直接走向了人生的终点。

那天，吉娣·格罗维斯像往常一样开着车回家，她把车停在长岛火车站的停车场，然后向不远处的公寓走去。她所住的小区环境不错，而且交通便利，住户都是一些富裕的中产阶级。

吉娣·格罗维斯走在林荫小道上时，敏锐的她突然感觉到有一个黑影正在迅速靠近她。出于本能，吉娣·格罗维斯开始奔跑，希望能摆脱黑影。但是让吉娣·格罗维斯更加恐惧的是，那个跟着她的男人跑得更快。

吉娣·格罗维斯记得在奥斯汀和莱弗茨大道的街角处有个警察岗亭，她完全可以掉转方向寻求帮助。但是那个男人跑得太快了，当吉娣·格罗维斯刚刚跑到停车场尽头的路灯下时，那个手握凶器的男人就抓住她，并向她的背后凶残地刺了几刀，随即吉娣·格罗维斯就惨叫着倒在血泊里。

这时，吉娣·格罗维斯并未断气，出于求生的本能，她开始叫喊。这时，公寓楼里的灯陆续亮了起来。有不少人都注意到了吉娣·格罗维斯。

住在二楼的法国姑娘安德烈在案件发生后表示，她听到了 3 次求救声，透过玻璃，她隐隐约约地看到有一个女子躺在人行道上，有一个男人正在打这个女子。7 楼的罗伯特·摩泽尔甚至还打开窗户，对着下面的街道大喊道：“放开那个姑娘。”或许正是因为这声喊叫，那个施暴的男子匆忙跑开了。6 楼的克什金夫妇眼睁睁地看着那名男子跑到一辆车边，迅速地打开车门，钻进车里，开着车逃跑了。

但是 5 分钟后，克什金夫妇又看见了那名男子，他好像正在寻找那个可怜的女子。吉娣·格罗维斯在那名男子离开后挣扎着站起来，往公寓的方向走去。这时，克什金意识到事态的严重性，他想要报警，但是被他的妻子阻止了。妻子对他说：“不必多此一举，这么大的动静，肯定有许多人都看到了，警察局肯定早就接到不下 30 个报警电话了。”克什金觉得妻子的话很有道理，就没有报警。

吉娣·格罗维斯由于失血过多，在没走多远就晕倒在门厅前的地板上，而那名施暴的男子循着血迹找到处在半昏迷状态的吉娣·格罗维斯，对她实施了强奸，然后把吉娣·格罗维斯钱包里的 49 美元拿走了，并又捅了吉娣·格罗维斯几刀，直至吉娣·格罗维斯完全没有了生命的迹象。整个作案过程长达 35 分钟，但是并没有出现营救者和警察。吉娣·格罗维斯完全死去后，那名男子开着车扬长而去。

凌晨 3 点 50 分的时候，警察局才接到了公寓二楼住户卡尔·罗斯的报警电话。3 分钟后，警察赶到了案发现场，但是已经太迟了。警察看到吉娣·格罗维斯躺在一楼的门厅处，衣物散落了一地，身中 17 刀，早已经停止了呼吸。

在案发六天后，警察抓住了作案者温斯顿·莫斯雷。当时温斯顿·莫斯雷还涉及一起入室抢劫案件。他对谋杀吉娣·格罗维斯的事实供认不讳。案件就这样轻而易举地破获了。

在发生这起案件的 1964 年，美国一共发生了 9000 多起杀人案件，仅纽约就有成百上千件命案。这起普通的街头谋杀案的确算不上什么大的案件。之所以会引起整个美国的注意以及震惊，是因为一次午餐。

一天，《纽约时报》的编辑罗森塔尔和纽约市警察局局长墨菲在一起吃午餐，墨菲无意间提起那起发生在克纽公园的谋杀案。墨菲对罗森塔尔说："这个案件虽然很普通，但是却让人印象深刻，说来奇怪得很，明明有 38 名邻居听到了被害人的求助，但是却没有一个人主动报警或者营救。如果这 38 名目击者主动一些，那个被害人或许就能活下来。"

作为编辑的罗森塔尔立刻嗅到了新闻的气息，于是他立刻派记者马丁·甘斯伯格去克纽公园进行调查。很快，在《纽约时报》上就出现了一篇名为《38 位命案目击者无人报警》的文章。于是，这起普通的谋杀案成了一个特大新闻，引起了许多人的注意。

这篇文章中提到了那 38 名目击者之所以没有及时报警的理由，有的住户说："我以为那只是情侣间的争执。"有的人说："我想报警，但是我的丈夫警告我，不要卷入是非之中。"有的人甚至会说："我当时实在太累了。"

总而言之，这 38 个目击者各有各的理由。但是，他们的行为却造成相同的结果，那就是吉娣·格罗维斯被残害致死。整整 35 分钟的作案时间，却没有一个人采取行动。

几乎所有的人都为那 38 名目击者的冷漠态度而感到震惊，社会各界人士都开始寻找在文明社会中出现这种现象的原因。有不少人把这种冷漠归结于大城市的繁忙生活，城市让人与人之间的亲密关系渐渐消失。

一位精神病学家甚至把责任推给电视机："我们往往低估了电视画面对人脑所产生的影响。电视画面会让人脑产生错觉，让那些目击者错认为窗外发生的一切不是真实的。"

但是，社会心理学家却提出不同的观点与看法，并用实验进行了证明，那就是责任分散效应。

❖ 大家都想赢——竞争实验

心理学家多伊奇等人做过一个经典的竞争实验，他把被试分成两两一组，同一组的两个人是竞争对手的关系，而且分别担任两家运输公司的经理，他们的具体任务就是让自己的车辆以最快的速度从起点到终点跑完全程。他们需要让自己的运输速度够快，因为速度越快，赚的钱就越多，而实验者告诉被试要尽可能多地赚钱。

在运货物期间，每个被试都有两条运输线可以选择，一条运输线属于个人专用线，除了自己，其他人没有权利走这条路线，但是这条路线需要花费较多的时间与金钱，对被试来说并不划算。

另一条运输线是两两成对的竞争对手所共同拥有的，这条运输线还有一个形象的叫法，那就是“近道线”，顾名思义，如果被试走这条路线的话，会省下很多时间，能尽快到达终点。但是美中不足的是，近道线道路比较狭窄，每次只能容许一辆车通过。这样一来，两两成对的被试就形成竞争的关系。

当然，除了竞争，被试还有其他办法，那就是合作。只要被试想要走这条又近又窄的路，除合作这一种办法之外，没有其他更好的方法。这种合作方式的具体做法就是，双方在商量的前提下，交替使用这条近道线。

在实验开始之前，实验者明确告诉被试，即使他们在合作的前提下使用近道线，也必须花费时间等待。但是这种等待是值得的，毕竟近道线比个人专线更经济和有效。

在实验开始之后，实验者会给被试计分，具体计分方式就是被试从起点到终点的运营速度，被试的分数越高说明赚的钱越多。

实验结果表明，两两成对的被试很少合作。因为竞争关系的存在，他们每个人都想赚更多的钱，最后赢得比赛，所以都不愿意合作，而在近道线的使用上往往狭路相逢，谁也不让谁，经常出现僵持不下的局面。

此外，实验者发现，即使在实验中，被试偶尔出现合作，那也并不是真正的合作，只是为了赢得比赛所做出的暂时性妥协。也就是说，这种合作的现状是竞争所造成的。而且，实验者还发现，被试似乎并不在乎自己在实验中的得分，即使得分少也要和对手竞争下去，似乎赢得对手才能实现这次比赛的意义。

等实验结束后，实验者问被试为什么宁愿选择竞争也不愿意进行合作。大多数被试的理由是，希望自己可以战胜竞争对手。这个实验结果说明，人们在心理上更倾向于竞争，因为每个人都有想赢的心理。

这个实验主要是关于个体竞争，也就是说，在个人竞争的条件下，大多数人只会关心自己的工作，而忽视合作和相互支持的必要性。但是，在群体竞争之中就不是这样了。多伊奇等心理学家认为，在群体竞争的条件下，群体内成员之间会形成合作的关系，他们会相互理解、相互支持，并且会共同活动。

延伸阅读

每个人都有归属感，总是把自己归属于某个团体之中。这样一来，团体与团体之间就会形成竞争的关系，也就是所谓的群体竞争。在群体竞争之中，群体内的成员之间相互团结，但是对于群体之外的成员，人们往往会把他们视为竞争对手，甚至是敌人。

在群体竞争中，还有一种很有意思的现象，那就是尽力维护自己所在群体的利益与荣誉，从而对竞争团体产生敌意和偏见。

这种群体竞争是一种常见的社会现象，心理学家谢里夫等人为了研究这种社会现象，专门设计了一个实验，实验的目的就是了解群体内合作、群体间竞争的原因以及如何进行缓解。

在实验开始之前，实验者进行了大量的准备工作，如实验场地的选择。最终，实验者选择位于俄克拉荷马州“强盗洞”州立公园内的美国童子军营地，因为这里森林茂密，比较适合实验的进行。

实验者选择被试的要求十分严格，一共需要22名被试，而且年龄、背景、智力和身体素质等方面要比较相似。最终实验者挑选的被试平均年龄在11岁左右，而且都是俄克拉荷马城五年级的小学生，成绩中等。这些孩子的家庭背景也十分相似，都来自中产阶级家庭，而且父母的感情不错。最重要的是，被试之间并不认识。

由于被试都是小学生，所以实验者只能把实验安排在暑假期间。整个实验被分成三个阶段。

第一阶段的主要任务就是团体的建立和形成。被试到达实验场地后，实验者把他们随机划分为两个小组。每个小组都会分配到一个场地进行活动。虽然孩子们相互之间并不认识，但是随着他们在一起玩耍和做事，渐渐形成一个团体，他们开始接受“我们是一伙儿的”这个团体概念。在实验者的安排下，两个小组还分别为自己的团体起了名字，即响尾蛇队和老鹰队。仅从团体的名字看，这两个小组就是死敌。

第二阶段的主要任务是让被试之间出现团体竞争。实验者安排两个小组进行比赛活动，最终赢得比赛的小组可以获得奖励。

在竞赛活动期间，两个小组的成员之间开始出现矛盾，他们攻击竞争对手，这说明每个被试的团体意识越来越强烈。后来被试的攻击行为越来越野蛮，如老鹰队的成员烧毁了响尾蛇队的队旗，而响尾蛇队为了报复，毁坏了老鹰队的小木屋。甚至于最后，实验者不得不出面阻止被试的攻击行为。

第三阶段的任务是促成两个团体之间的合作关系。毕竟在第二阶段内，两个团体之间的矛盾已经形成。所以，实验者为了减少两个小组对竞争对手的偏见，专门安排了一些活动，让这两个小组可以心平气和地交流，如让大家一起吃饭、看电影等。但是让实验者惊讶的是，这种促成双方交流的方式并不能缓和两个小组之间的紧张氛围，他们的矛盾没有消除，他们依然会相互敌视，甚至会攻击对方。

为此，实验者不得不改变原订的实验计划，组织一些新的活动。在这些活动之中，实验者会给被试制定一些特殊的目标，这些目标无法由一个小组完成，必须相互合作才能实现。例如，蓄水池问题。营地的蓄水池发生了问题，所有的成员都面临缺水的问题。两个小组的成员不得不合作起来，共同寻找问题的所在。当他们发现蓄水池的问题是因为输水管被堵住，就会一起清理被堵住的输水管。当蓄水池被修好时，所有的成员都十分高兴。在一系列的活动中，成员之间的团体偏见开始减少。到实验结束的时候，成员之间的团体偏见已经完全消除，大家像刚来这里时那样不分彼此，如坐车的时候，座位不分小组。

在第一阶段内，个体会因为身在某个团体中而产生归属感，这有利于团体的形成以及培养团体的凝聚力。在第二阶段内，团体之间的竞争会让团体内的成员更加团结。在第三阶段内，当两个竞争的团体为了实现一个共同的目标而努力时，会放弃之前的敌对和偏见，开始寻求合作。这种合作的关系能使两个团体成员之间的关系得到改善。

❖ 高峰期为何火气大——拥挤实验

拥挤的环境会对人的行为产生一定的影响，如当我们身处拥挤的人群中，会感觉到自己很烦躁，甚至会出现具有攻击性的语言和行为。心理学家约翰·卡尔霍恩为了了解高密度环境对社会行为的影响，专门设计了一个实验，实验对象是小白鼠。

卡尔霍恩给小白鼠提供的实验场地有 3 米 ×4 米。这个场地被划分为 4 个范围。这 4 个范围是相通的，小白鼠可以从圈 1 到圈 2，从圈 2 到圈 3，从圈 3 到圈 4。但是圈 1 与圈 4 之间不相通。小白鼠想要从圈 1 到圈 4 或者从圈 4 到圈 1，就必须经过圈 2 和圈 3 才可以。在 4 个部分之间有隔板，每部分的隔板都通上了电，如果小白鼠想要通过隔板到另一个圈内就会触电。

卡尔霍恩通过几年对小白鼠的研究发现，通常情况下，每个部分只能容纳下 12 只成年白鼠。也就是说，在整个实验场地内，只能容纳下 48 只成年白鼠，这是实验室内白鼠的正常密度。

在实验过程中，卡尔霍恩会为小白鼠提供充足的食物和水，并且会控制疾病对小白鼠生命的威胁。最重要的是，在这个实验环境中，小白鼠的密度并不是特别大。当小白鼠被放到实验场地内后，卡尔霍恩允许其自由繁殖。这样一来，实验场地内小白鼠的密度会越来越大。当每个圈内小白鼠的数量接近正常密度的两倍后，也就是实验室内的白鼠数量达到 80 只左右时，卡尔霍恩就会把多余的幼鼠从实验场地内拿走。

过了一段时间后，实验室内的白鼠渐渐成年，成年后的雄性白鼠就像在自然界中一样，为了争夺社会地位而斗争。这种斗争是为了获得更大的地盘和雌性白鼠，斗争发生在实验场地内的每一个圈内。由于四个圈的情况不同（圈 1 和圈 4 处于相对封闭的状态），雄性白鼠斗争的结果也不同。

圈 1 和圈 4 只有一个进出口，当这两个范围内的雄性白鼠赢得斗争后，为了保护自己的胜利果实，会守在进出口处，攻击任何胆敢进犯的其他雄性白鼠。这样一来，圈 1 和圈 4 中就只剩下了 1 只雄性白鼠和 8 到 12 只雌性白鼠。

这样一来，其余 60 只白鼠会被迫生活在圈 2 和圈 3 中，生活环境相当拥挤。在圈 1 和圈 4 中生活的白鼠，由于生存环境并不拥挤，所以它们能正常地交配和繁殖。这两个圈内的雌性白鼠都会担负起做母亲的责任，建筑舒适的窝，养育并保护出生的幼鼠。

但是生活在拥挤环境中，也就是圈 2 和圈 3 中的白鼠出现了一种奇怪的行为现象，卡尔霍恩称之为“行为沦丧”。具体是指一些极端的、病理性的行为。卡尔霍恩认为，行为沦丧常常出现在拥挤的生活环境中。生活在圈 2 和圈 3 中的有些雄性白鼠会出现发狂似的攻击行为，如咬住其他白鼠的尾巴。这是一种不正常的鼠类行为，很明显是拥挤的生活环境所造成的。

有些白鼠则完全处于服从状态，不会攻击其他白鼠，而且健康状况也不错，它们身体肥硕、皮毛完好，没有其他攻击性白鼠身上常常出现的秃斑。但是卡尔霍恩很快发现，这类白鼠的精神状态不太好，它们似乎永远处于睡眠或者一种类似催眠的状态，这完全是一种逃避现实的举动。而且这类白鼠基本上没有任何社会性活动，忽视其他白鼠的存在，对性活动一点儿兴趣也没有。

有些雄性白鼠出现了“性越轨”的行为，也就是不遵守自然界内正常的交配程序。例如，生活在圈 1 和圈 4 内的雄性白鼠在进行性活动时，会追着雌性白鼠跑，当雌性白鼠跑进洞内时，雄性白鼠会在洞口处等待，甚至会跳舞。等雌性白鼠从洞里出来后，才进行性活动。但是圈 2 和圈 3 中的一些雄性白鼠不仅不会在洞口等待雌性白鼠，反而会直接进入洞内和雌性白鼠进行交配。

有时候，卡尔霍恩还会在圈 2 和圈 3 中发现已经死亡的幼鼠，这是雄性白鼠干的，这些白鼠已经开始吃它们的同类。

有些雄性白鼠被卡尔霍恩称为“泛性者”，此类白鼠会不加分辨地和任何白鼠进行交配，不管这只老鼠是雄性还是雌性，甚至是幼鼠。

卡尔霍恩还发现，圈 2 和圈 3 中的雌性白鼠甚至出现繁殖的异常。在正常情况下，雌性白鼠为了更好地养育下一代而筑巢，这几乎是一种自然本能。但是出现生殖异常的雌性白鼠不会筑巢，它们直接把幼鼠生在地板上。

在正常情况下，雌性白鼠都会保护幼鼠。例如，当雌性白鼠意识到危险时，会把幼鼠转移到自认为安全的地方。但是出现繁殖异常的雌性白鼠不会转移幼鼠，有时会在转移的过程中不小心把幼鼠掉在路上。这些幼鼠常常被遗弃或死去，随后被其他成年鼠吃掉。卡尔霍恩发现，在圈 2 和圈 3 中，幼鼠的死亡率很高，在 80% 至 90% 之间。

延伸阅读

虽然卡尔霍恩的拥挤实验是在小白鼠身上进行的，但是实验结果依然适用于人类。例如，在特别拥挤的监狱环境中，人类往往会出现像实验室内圈 2 和圈 3 中小白鼠的行为沦丧。

当生活在比较拥挤的环境时，监狱中囚犯的死亡率、杀人率和自杀率都会升高。调查还发现，拥挤环境中囚犯的生病次数也会有所增加。

有一项以人为对象的拥挤实验，结果证明，拥挤的环境会对人类解决问题的能力产生消极的影响。

实验者让一部分被试待在非常拥挤的小房间内（每人只有 0.28 平方米的范围），让另一部分被试待在不太拥挤的大房间中，然后让被试完成相当复杂的任务，如把不同的形状进行归类、讲故事等。

实验结果是，那些在拥挤条件下的被试的成绩明显低于在不太拥挤条件下的被试的成绩。而且在拥挤环境中，被试的血压会升高，心率会加快。最重要的是，在拥挤环境中，人们容易对周围的人产生敌意。随着人口密度的增加，人的情绪会变得越来越坏，会觉得时间越来越难熬。

❖ 为何大家会相信算命的——巴纳姆效应实验

1948 年，心理学家伯伦特 · 福勒通过实验证明了一种十分常见的心理学现象，这种心理学现象被称为“巴纳姆效应”。

伯伦特 · 福勒安排被试做一份明尼苏达多项人格调查表（由明尼苏达大学教授哈瑟韦和麦金利制定，是迄今为止运用最广泛且颇有权威的一种纸笔式人格测验）。之后，伯伦特 · 福勒会拿出两份人格测试的结果，让被试判定到底哪一份才是自己的测试结果。

在这两份测试结果中，其中一份是被试自己的结果，另一份则是大多数人的平均结果。在伯伦特 · 福勒的询问下，大多数被试的答案是，认为后者更准确地表达了自己的人格特征，是自己的测试结果。

这个实验结果证明，大多数人很容易相信一个很笼统、一般性的人格描述，并认为这个描述特别适合自己。即使这个人格描述显得十分空洞，人们也愿意相信这就是自己的人格特征。

有的心理学家甚至把这个实验搬进了校园。他把一段笼统的、几乎适合于任何人的话拿给一个年级的学生看，然后让那些学生判断这段话是否描述出自己的人格特征。调查的结果是，大多数学生认为，这段话把自己的人格特征描绘得十分精准且细致入微。这个调查结果同样验证了巴纳姆效应。

针对伯伦特 · 福勒所提出的巴纳姆效应，法国的相关研究人员还专门做了一个实验，这个实验的目的是说明人们为什么会觉得星座性格分析、血型性格分析的描述十分符合自己的情况。

研究人员把当时已经被捕的、震惊整个法国社会的杀人魔马塞尔 · 贝迪德的出生年月日等一些资料寄给一家在当时十分权威的星座分析报告公司。据说，这家公司号称自己是根据高科技软件得出精准的星座报告。总的来说，这家公司在星座分析领域是绝对的权威。当然，这家公司并不是慈善机构，不会白白为人们提供服务，这家公司的星座报告费用是十分高昂的。

3 天之后，研究人员就接到了这家公司邮递过来的一份详细的星座报告。这份报告的内容大致如下："此人的适应能力很强，而且为人活泼好动。在日常生活中，他是一个活力四射的人，他的人际关系比较融洽。而且，他是一个富有智慧的人，道德感十分强烈且生活富足。"

除了这份报告，这家著名的星座分析公司还专门根据马塞尔·贝迪德的出生年月日做出一个预测。在这份预测报告中说，马塞尔·贝迪德在 1970 年到 1972 年将会拥有自己的感情生活。

可事实是，这个被分析为"道德感强烈"的马塞尔·贝迪德是一个著名的杀人魔，他的双手沾满了 19 个无辜生命的鲜血。想必，如果马塞尔·贝迪德本人看到这份报告也会觉得无比讽刺吧！而且星座公司所预测的马塞尔·贝迪德会在 1970 年至 1972 年拥有自己的感情生活，这一论断也被事实打破，因为马塞尔·贝迪德在 1948 年时就被判处死刑。

在得到这份星座分析报告后不久，研究人员很快又将发动第二次世界大战的希特勒的出生日期等资料发送给其他同样享有盛名的星座分析公司。为了保证调查结果的准确性，研究人员还专门请来 50 多名并不知道希特勒具体出生日期的星座研究人员来分析希特勒的人格特征。

结果研究人员综合星座公司给出的报告后，得出这样一个结论：出生在这个日子的人是非常有爱心的，十分喜爱动物，且是一个和平拥护者。

最后，研究人员又请那 50 多位星座研究者总结一下希特勒的人格特征，于是具有讽刺性的一幕又出现了。星座研究者中的大多数人都认为希特勒应该是阴险狠毒的天蝎座，只有两个人认为希特勒是一个完美主义的射手座。但是，事实上希特勒的出生月份是 4 月，而天蝎座和射手座都是在冬天出生的。也就是说，希特勒的星座与这两个星座之间没有一点儿关系。

根据这一系列的调查结果，法国研究人员认为，人们之所以认为算命、星座或生肖等一些预测对自己而言十分准确，主要原因就是受到巴纳姆效应的影响。而且，研究人员还认为除心理学方面的原因外，还可以用概率学的原理来分析这种现象。所有的事物就像我们日常生活中所使用的硬币一样，都是具有两面性的。所以，星座公司所给出的这些预测其实也具有两面性，也就是说，这些预测具有 50% 的成功率。

延伸阅读

在日常生活中，人们常常认为十分笼统的、一般的人格描述准确地揭示了自己的人格特征，这种现象在心理学上被称为“巴纳姆效应”。可以说，巴纳姆效应存在于我们日常生活中的每个角落里。而伯伦特·福勒之所以用实验验证这个理论，就是为了告诫人们，在日常生活中一定要警惕巴纳姆效应，做到尽量客观真实地认识自己，不要受巴纳姆效应的影响。

其实，很早以前人们就已经意识到这个问题，只是那个时候还没有明确提出巴纳姆效应的理论罢了。在两千年以前，古希腊人就把“认识你自己”这 5 个字作为箴言刻在阿波罗神庙的门柱上。

无独有偶，在中国的春秋时代，老子著书《道德经》，这部《道德经》一共只有五千多字。而惜字如金的老子在这部《道德经》中提出了“知人者智，自知者明”。由此可见，在老子心中自知之明是十分重要的。而自知之明就是在告诫人们要警惕巴纳姆效应对自己的影响。

需要指出的是，虽然巴纳姆效应是被伯伦特·福勒发现，且用实验证明的，但是这个心理学理论的命名却是来自另一个人的名字。在 20 世纪 50 年代的时候，心理学家保罗·米尔以美国一位有名的马戏团艺人菲尼亚斯·泰勒·巴纳姆的名字将伯伦特·福勒的实验结果命名为“巴纳姆效应”。保罗·米尔之所以这样做，是因为巴纳姆说过一句名言：“任何一流的马戏团应该有能力让每个人看到自己喜欢的节目。”这句话精辟地道出了巴纳姆效应的内涵。

❖ 堕落的看守——斯坦福监狱实验

斯坦福监狱实验是美国著名心理学家菲利普·津巴多所领导的研究小组完成的。实验的地点设在斯坦福大学心理学系大楼地下室的模拟监狱内。这项实验的目的是观察人类对囚禁的反应以及囚禁对监狱中的权威和被监管者行为所产生的影响。简单来说，就是调查人的虐待心理倾向是先天的还是后天的。

津巴多在斯坦福大学选择24名男性学生作为被试，而这24名在校大学生必须满足以下条件：无入监经历，不吸毒，身体以及心理都很健康。当然，津巴多为这24名被试提供了丰厚的报酬，每天的酬劳为15美元。随后，津巴多把这24名大学生随机分成两组，其中12名大学生的身份是看守，另外12名大学生扮演囚犯。

扮演囚犯的学生需要先脱掉自己的衣服而且撒上除虱药粉，随后会穿上类似于女性的连衣裙一样的白色袍子，而且不能穿底裤，头上还戴着丝袜，右脚脚踝处会被锁上脚链。津巴多为每个囚犯准备了编号，这个编号代替了被试的名字。由于监狱内没有窗户也没有钟表，囚犯没有时间概念。

扮演看守的那12名被试会按照要求穿上狱警的制服，配有警棒，戴着不反光的墨镜以防止目光接触。狱警具有一定的权力，那就是可以根据个人喜好对囚犯进行惩罚。

在实验开始后不久，囚犯和看守都很快适应自己的角色，并且一步步地超出津巴多预设的界限，出现危险性的举动，并对囚犯造成了心理伤害。

实验第一天，看守和囚犯相安无事。看守与囚犯之间并无明显差别，这是因为在实验进行之前，实验者并没有让扮演看守角色的被试接受专门的训练。而且实验者只告诉看守，他们的任务就是维持监狱的法律与秩序，不要把囚犯的胡言乱语当回事儿。

津巴多为了更真实地模拟监狱生活，让囚犯像真正的罪犯一样，还为囚犯准备了亲戚和朋友的探视。囚犯除吃饭、锻炼、去厕所以及办一些必要的其他事情之外，日日夜夜都要老老实实地待在牢房中。因为这种环境真实性的影响，扮演囚犯的被试没有用多长时间就承认了看守的权威地位。

但是第二天，囚犯出现了类似于暴动的举动，如撕掉囚服上的编号，拒绝服从看守的命令，甚至会取笑看守等。这说明，被试只花费了一天的时间就完全进入实验的状态。

这时，津巴多要求看守采取必要的措施来控制暴动的局面，而看守也都照做了。看守采用的措施包括强迫囚犯做俯卧撑，脱光囚犯的衣服，拿走囚犯的食物、毯子、枕头和床，让囚犯空着手去清洗马桶等。

由于看守成功地用暴力镇压了这次囚犯的暴动，囚犯变得更加消极起来，不管看守吩咐什么，一般都会照做。而且囚犯开始相信，正如看守所言，他们真的低人一等，并且无力改变现状。

总的来说，看守已经变得越来越暴力和充满敌意，甚至想出许多酷刑对囚犯进行体罚。而 12 名囚犯开始变成两种不同的状态：一种状态是无动于衷，理所当然地接受看守的惩罚；另一种状态是和看守对着干，开始积极的反抗。

由于监狱这种特殊环境的影响，看守惩罚囚犯的举动变得越来越难以控制，他们的行为变得越来越暴力。其中有 1/3 的看守被认为显示出真正的虐待倾向。因此，许多囚犯在情感上受到创伤，其中有两个囚犯不得不提前退出实验。最后局面完全失控，超出津巴多的预测。到了后期，看守的虐待倾向甚至严重到以惩罚囚犯为乐趣。

当实验进行到第六天的时候，津巴多的同事莉丝汀被邀请到实验场所进行参观。莉丝汀参观完实验场所后对这项实验的道德性提出了质疑。最后，津巴多的这项实验受到警告，因为这项实验的反社会行为，扮演囚犯的被试产生了可怕的梦魇，对他们造成了不同程度上的伤害。因此，津巴多的实验不得不提前终止。

在实验结束后，津巴多对这12名扮演看守的被试做了一些调查。其中有些看守说："我自己也觉得不可思议。我让囚犯用手去擦洗马桶，因为我真的把囚犯看成牲畜。当时的我一直在想，我必须得看住他们，不让囚犯做坏事。"有的看守说："我一到囚犯的牢房时就感到无比厌烦，囚犯穿着破烂的囚服，而且牢房内充满难闻的气味。在我们看守的命令下，囚犯除了服从别无选择。"

总的来说，这些扮演看守的被试并没有把这些当成心理实验，因为环境的影响，他们认为这一切都是真的，所以才做出虐待囚犯的举动。

延伸阅读

津巴多的斯坦福监狱实验常常和著名心理学家米尔格兰姆的服从实验相提并论，而米尔格兰姆是津巴多的中学好友。后来，津巴多这项未完成的监狱实验被改编成一部电影。

津巴多还写了一本书，名字叫作《路西法效应——好人是如何变成恶魔的》。在这本书中，津巴多详细解释了出现斯坦福监狱实验中的那些现象的原因。津巴多认为，人很容易受到环境的影响而作恶，就像斯坦福监狱实验中的看守一样，因为受到监狱那种特定环境的影响，从而渐渐变成一个喜欢折磨囚犯的看守。

津巴多之所以把这种心理现象称为"路西法效应"，是因为《失乐园》

中的描述。路西法曾经是侍奉于神右侧的天使，在没有堕落之前担任着天使长的职务。后来由于路西法不肯跪拜圣子，不承认圣子的地位比天使要高，进而率领天界 1/3 的天使举起反旗，最后以失败告终。

❖ 言传与身教——改变他人态度实验

20 世纪 40 年代，心理学家库尔特・勒温进行过一项著名的实验，这项实验证明了身教重于言传的道理。

勒温之所以会设计这个实验是因为受到美国政府的邀请。当时正值第二次世界大战，美国的肉类供应十分紧张。美国人民十分喜欢购买牛肉、牛排或猪肉、猪排之类的贵重肉食，但是却非常厌恶猪和牛的内脏或者猪蹄、猪尾之类的肉食。美国政府希望心理学家既可以研究一下这种社会现象，又可以说服美国人民去购买那些比较便宜的动物内脏等肉类，同时解决肉类供应紧张的问题。

由于购买食物的一般都是家庭主妇，所以勒温召集一些主妇作为这次实验的被试。勒温把主妇划分为 6 个小组，每个小组的人数为 13 到 17 人。

在这项实验中，勒温一共设计了两个方案：一个方案是对被试进行劝说；另一个方案是要求所有的被试都购买便宜的肉类，这种做法被称为“群体规定”。

按照这个方案，勒温把 6 个小组的主妇分为两个大组，其中三个小组实施劝说的方案，这些主妇会听一个伶牙俐齿的专家的劝解，时间为半个小时。在此期间，专家会告诉这些主妇：市场上卖的廉价肉类食品是如何美味与富有营养，而且购买这些肉类食品还会为国家做出巨大的贡献等。

另外 3 个小组的主妇则接受群体规定这个方案，她们要听一个专家的讲座。在讲座中，专家会详细介绍动物内脏的营养成分，一个厨师还在现场进行烹饪秀，向主妇展示如何烹饪这些肉类。最后，勒温会让所有人针对这件事情进行讨论，讨论过后举手表决。在此之前，勒温已经在这些主妇中安排了实验助手。在举手表决的时候，这些伪装的主妇会带头举手同意，这样一来，举手同意的人便越来越多。

这项实验进行了一周的时间。实验结果表明，采取劝解方案的主妇中只有 3% 的人同意购买廉价肉类，而采取群体规定方案的主妇中共有 32% 的人改变了自己的态度。这个实验结果充分说明了身教重于言传。

延伸阅读

在这项实验中，勒温还提出“守门人”的理论。在社会群体中会传播一些信息，而传播过程中需要含有“门区”的渠道。在这些渠道中，会根据公正的原则或者“守门人”的原则而决定信息是否会在渠道中进行传播。而那些允许信息传播或者禁止信息传播的人就被称为“守门人”。由此可见，要想在社会群体中传播一些信息或者禁止一些信息，“守门人”的作用是多么重要。

而在勒温所设计的这项实验中，主妇的角色就是“守门人”。除非家庭主妇主动同意把动物内脏等廉价肉类提供给自己的家人，否则她们的家人是不可能接受这些肉类的。

❖ 态度的逆转——睡眠者效应实验

睡眠者效应是指，一个人在态度的改变过程中，说服效果会随着时间的推移而提高。这是一种十分有趣且反常的现象。

最先发现睡眠者效应的是心理学家皮特森和瑟斯顿，他们让来自不同地区的学生观看同一部电影，希望通过这部电影可以改变学生对某些社会问题的态度。当学生观看完这部电影后，皮特森和瑟斯顿就学生对电影中人物的喜爱程度进行了调查。等六个月后又进行了一次调查，结果发现在六个月后的调查中，学生对人物的喜爱程度远高于刚刚看完电影的时候。

后来，心理学家霍夫兰做了类似的实验。他让被试看一部纪录片，然后调查被试对该纪录片的态度，结果发现了相同现象。于是，霍夫兰创造了睡眠者效应来解释这种现象。

为了进一步证明睡眠者效应，霍夫兰又进行了一项实验。在这次实验中，霍夫兰让被试观看一篇关于宽恕少年犯的评论文章。然后，霍夫兰会调查被试对这篇评论文章的态度，并在三周之后再进行一次调查。

霍夫兰把所有被试划分为三个小组，即信源可信性度高组；信源可信性度低且强调信源和信息内容间联系组；信源可信性度低且不强调信源和信息内容间联系组。结果发现，只有第三组被试出现了睡眠者效应现象。

霍夫兰认为，态度形成的基础会随着时间推移而产生变化。在立即进行调查时，被试的态度会受到信源与信息内容的影响。过了一段时间后，被试的态度主要受到信息内容的影响。虽然个体还记得信息的来源，但是不会受到信源的影响，于是就会出现睡眠者效应的现象。

在睡眠者效应实验中一共有两种信息存在，即劝说信息和折扣线索。所谓劝说信息就是指，试图改变个体对某一对象态度的信息。所谓折扣线索就是指，可以暂时抑制劝说信息的说服效果的信息。这个折扣线索有可能是关于信息来源的信息，也可能是直接对劝说信息进行反驳的新信息。

延伸阅读

在霍夫兰提出睡眠者效应的理论之后，立刻引起了许多心理学家的兴趣。有许多心理学家专门用实验验证这种睡眠者效应现象，但是经过多次实验，心理学家并没有从实验中观察到睡眠者效应现象的存在。

因此，心理学家认为睡眠者效应现象并非普遍存在，要想出现睡眠者效应现象，必须满足以下几个条件。第一，劝说信息本身具有很高的说服力，能够对个体的态度产生明显的影响。第二，折扣线索的作用很强，能够明显抑制劝说信息对态度的影响。第三，延迟的时间够长，能让劝说信息和折扣线索进行分离。第四，劝说信息与折扣线索的分离必须赶在遗忘之前。

❖ 单面与双面传播——说服实验

唯物辩证法认为，所有事物都像硬币一样，具有正反两面，所以我们在看待问题和分析问题时应该持一分为二的态度。因此，对某些存在对立因素的问题进行分析和宣传时，往往会进行两面性的分析：有一种分析是站在自己的立场或是对自己有利的一面上，被称为“单面传播”；另一种分析是既站在自己的立场或是对自己有利的一面上，也站在对方的立场或是对自己不利的一面上，被称为“双面传播”。

信息传播的主要目的之一在于说服对方，那么单面传播和双面传播哪个更有说服力呢？霍夫兰专门做过一项实验。这项实验在 1945 年进行，当时处于第二次世界大战的末期，美国大部分士兵都抱有速胜的心理。而霍夫兰实验的目的就是说服士兵相信持久战。那个时候，德国与意大利已经投降，只剩下日本。

霍夫兰一共选择 600 名士兵作为被试，并且把他们随机划分为三个小组。第一组为单面传播群，每天只传播对日作战的困难性，即日军的规模很大且作战力顽强等。第二组为双面传播群，每天在传播有利的信息时也传播不利信息，如德国已经投降，日本处于孤立无援的困境，但是日军战斗力很强，想要赢得战争就必须坚持持久战等。第三组是被控制组，不提供任何信息。

实验的具体结果如下：第一组和第二组赞同“对日作战持续一年以上的人”分别由37%和38%提高到59%，而第三组被试的态度无明显变化。这说明不论是单面传播，还是双面传播，都起到了不错的说服作用。

尽管如此，单面传播和双面传播的效果还是有一定的区别。单面传播对文化水平低的人说服效果较好，而双面传播对文化水平高的人说服效果较好。自尊心强且有主见的人比较适合用双面传播去说服，而依赖性强、自信心弱、缺乏独立主见的人比较适合用单面传播去说服。这说明，要想达到说服的效果，采用什么手段固然重要，但更重要的是应根据具体对象而定。

延伸阅读

卡尔·埃维尔·霍夫兰是美国实验心理学家，任职于耶鲁大学心理学系。他把心理学的实验方法引入传播学，成为传播学的奠基人之一。霍夫兰认为，真正让人们恐惧的并不是已经发生的事实，而是那些不确定或是未知的事物。也就是说，人们的恐惧情绪是对未知危险的想象，而事实上危险并未发生。如果危险已经发生，那么势必会带来伤害，这时候人们的情绪应该是悲伤的，而不是恐惧的。

第五章

懂点心理学，管理更有效
——管理心理经典实验

❖ 先抑后扬效果好——阿伦森效应实验

有一个老人在退休之后，为了能安静地度过晚年，选择了一栋距离市区较远的房子。但是有一天，老人安静的生活被打乱了，因为有一群孩子总是在老人的房子前嬉戏玩耍。老人让孩子们离开，但是那些孩子根本不听老人的话。

于是，老人想了一个好办法。有一次，老人在孩子们离开之前，给了他们一些钱，并告诉孩子们："你们在这里玩耍，让我感到了久违的快乐，这些钱是给你们的报酬，希望你们明天继续来这里。"面对意外之财，孩子们自然很高兴。

第二天，孩子们又来了。这次老人给他们的钱没有昨天多，但是孩子们也接受了。第三天的时候，老人没有给他们钱，他的理由是："我的养老金变少了，所以不能再给你们报酬了，我还需要养活自己。"听到老人的话后，孩子们很生气："那我们不是白白给你制造快乐了吗？世界上哪有这么好的事，明天你休想再看到我们。"就这样，老人又恢复了从前平静的生活。老人所利用的就是阿伦森效应，这个理论被一个心理学家用实验证明过，这个心理学家就是艾略特·阿伦森。

实验首先会让四组人对某个人给予不同的评价，然后观察这个人对哪个小组最有好感。第一组对被试始终给予表扬，第二组对被试始终给予批评，第三组对被试先表扬后批评，第四组对被试先批评后表扬。

阿伦森一共找来数十个被试，最后发现绝大部分被试都对第四组颇有好感，而对第三组最为反感。

阿伦森效应具体是指，人们大都喜欢对自己表示赞赏的态度和行为不断增加的人，而相当反感那些对自己表示赞赏的态度和行为不断减少的人。

阿伦森认为，人们之所以会出现这种奇怪的心理，是因为挫折感。当一个人得到赞赏后，就希望继续被赞赏或者得到更多的赞赏，当这种赞赏减少或者不再有赞赏时，就会产生一种挫败感。

如果是从被赞赏变成不再有赞赏，那么当事人的心中会有小小的挫败感，这种挫败感是可以平静接受的，所以当事人的心中并不那么厌烦。但是如果这种赞赏变成批评，当事人的挫败感会变得很强烈，大部分人都接受不了，所以会产生反感的心理。

延伸阅读

有一个人每天下班后都会看到一个乞丐，他觉得乞丐很可怜，所以每天下班后都会给他三美元。起初这个乞丐十分感激，但是时间长了，乞丐就变得十分平静，似乎接受这三美元是理所当然的。很显然，这个时候乞丐的心中已经有了挫败感，因为那个人给他的钱没有继续增长。但是这种挫败感是可以被接受的，所以乞丐表现得比较平静。

后来这个人结婚了，不久后有了孩子，这样一来生活的压力陡然增大。为了节约开支，这个人在一天下班后对乞丐说：“我已经娶妻生子，为了能省下更多的钱，所以从今天开始，我每天只能给你一美元。”这个人本以为会得到乞丐的感激，但是没想到乞丐勃然大怒：“你怎么能用我的钱去养你的妻子与孩子！”

很明显，每天由三美元减少为一美元，这种陡然的减少让乞丐心中的挫败感变得更加强烈，所以乞丐才会对这个给他钱的人十分厌恶，并觉得对方拿走了本该属于自己的钱。

❖ 管理心理学经典实验——霍桑实验

霍桑实验是心理学史上著名的实验之一。美国芝加哥西部电器公司所属的霍桑工厂专门制造电话交换机，这是一座大型工厂，且工厂的福利待遇都不错，如娱乐设施、医疗和养老制度十分完备。但是让霍桑工厂管理层感到不解的是，工人们依然对工作十分不满，进而导致生产效率下降。管理层想了许多办法，都没能改变这种状况。后来，美国国家研究委员会为了找出原因，决定组织研究小组在霍桑工厂展开实验研究，并把实验命名为“霍桑实验”。霍桑实验进行了很长时间，共分为四个阶段。

第一阶段，照明实验。这项实验从1924年11月一直进行到1927年4月。研究小组设计照明实验的目的是调查和研究工厂的照明度与工作效率之间的关系。于是，在实验开始之前，研究者就做出这样的实验假设：提高工厂作业的照明度可以减轻工人的疲劳感，从而使生产效率得到提高。

研究小组把工人们分成实验组和控制组。很快研究人员就发现，当实验组的照明度提高时，实验组和控制组的生产效率都有所提高；当实验组的照明度降低时，实验组和控制组的生产效率依然在不断地提高。后来，研究人员把实验组的照明度减弱到0.06烛光，却发现实验组的生产效率并无明显下降，这与研究小组的预想完全相反。后来研究小组干脆把实验组的照明度减弱到只有月光一般，工人们根本看不清，这时实验组的生产效率才急剧下降。

这个实验结果与研究小组的预想完全不同，所以研究小组的成员一时间感到茫然，照明度与生产效率之间并没有单纯的直接关系。也就是说，影响工人们积极性和工作效率的因素是未知的。面对这种结果，研究小组失去了继续研究的信心。

于是从 1927 年起，以哈佛大学心理学教授梅奥为首的心理学工作者接管了研究小组的工作，继续在霍桑工厂进行实验研究，并且把实验的研究方向转移到人的心理上。也就是说，影响工人们生产效率的可能是心理问题。

第二阶段，福利实验。这项实验从 1927 年 4 月一直进行到 1929 年 6 月。这次梅奥等人设计实验的目的是，查明福利待遇的变化与生产效率之间的联系。但是梅奥经过两年多的实验发现，生产效率与福利变化之间并无直接联系，因为在实验中不管福利待遇如何改变，如工资支付方式的改变、优惠措施的增加与减少、休息时间的增加与减少等，工人们的生产效率都在提高。梅奥等人对工人们生产效率方面的问题进行了调查，但是工人们也说不出原因。

梅奥发现，参加实验的工人的生产效率的确比之前提高了不少，但是这与福利待遇并无直接联系。经过一系列的分析，梅奥认为工人们提高生产效率主要有两个原因。

第一个原因是，那些参加实验的工人感觉自己得到了关注或重视，他们认为参加实验是一件光荣的事情。而且在参加实验之前，工人们还被叫到部长办公室和部长谈话，这更让工人们认为参加实验是莫大的荣誉。这种被重视的感觉会对工人们的情绪和生产效率起到积极的促进作用，所以在工作的时候更加努力。

第二个原因是，生产效率高的工人们往往有不错的人际关系，这种积极的人际关系会让工人们的情绪处于稳定的状态。也就是说，工人的情绪对生产效率有着促进作用。

第三阶段，访谈实验。梅奥等心理学家在工厂展开了访谈计划，主要是为了了解工人们内心真实的感受，从而找出影响生产效率问题的原因所在并解决问题。

通过访谈实验，梅奥发现工人们对工厂的各项管理制度和方法都很不满，但是这种不满的情绪又无处发泄，长期积压在心中，自然会影响情绪乃至工作的积极性。

实验规定，每次访谈的时间最少为 30 分钟，最后甚至延长到 1 至 1.5 小时。在访谈中，需要遵守多听少说的原则，也就是多听工人的发泄，而少说自己的感受，详细记录下工人的不满和意见。

因此，梅奥的访谈实验给工人们提供了一个情绪发泄口，工人们在访谈的过程中表达出自己的不满，情绪得到了改善，随之工作态度也变得积极起来，对生产效率的提高产生了积极的影响。实验证明，访谈实验持续了两年多，工人们的生产效率得到了大幅度提高。

第四阶段，群体实验。在这项实验中，梅奥等人选择 14 名男员工作为被试，这些工人被单独安排在一个房间内从事绕线、焊接和检验的工作。对这 14 个工人实行特殊的计件工资制度，工作完成得越多，就会得到更多的报酬。

梅奥等人设计这个实验的目的是利用奖励的办法使工人们提高工作积极性，因为工人们想要得到更多的报酬，就必须努力提高生产效率，生产出更多的产品。梅奥设想，工人的生产效率一定会提高。

但是，事实证明这种设想并不符合实际，梅奥等人通过对这 14 个被试的观察发现，他们的产量始终保持在中等水平，每个工人每天的产量都差不多。而且，有的工人还出现了不如实报告产量的情况。

为了解释这种出乎意料的现象，梅奥等人经过深入调查发现，这 14 个人为了维护他们的群体利益，在工作中自发形成一些规范，尽管这些规范是不成文的，但是每个工人都在遵守。这种规范就是，谁也不能多干以突出自己；谁也不能少干，这会影响整体的产量。他们还规定，这些规范只有内部人员知道，如果谁告诉管理者，就会受到其他工人的惩罚，轻则谩骂，重则挨打。

工人们之所以会形成这些规范，是因为担心产量提高后，会让管理层做出改变奖励制度或裁减人员的决定，为了维护所有人的利益，这些规范是必须遵守的。

根据这个实验结果，梅奥提出“非正式群体”的概念。也就是说，在正式群体中会自发形成非正式群体，这个群体有着特殊的行为规范，会影响个人的行为，有些人甚至为了维护这个群体而放弃一些物质利益。

延伸阅读

霍桑实验的结果对古典管理理论可以说是一个不小的冲击。古典管理理论的杰出代表是泰勒、法约尔等人，他们提出的管理理论都有一个共同的特点，那就是把管理工作的重点放在物质因素上，而忽略了管理工作中的主体——人。

尽管古典管理理论也提高了生产效率，但是却使得工人们紧张、单调、劳累，时间长了，这种状态反而会影响工作效率。

❖ 难度适中效果最好——成就动机实验

美国著名心理学家约翰·威廉·阿特金森认为，一个人的成就动机可以分为两类，即追求成功的动机和避免失败的动机。阿特金森在实验中发现了一些“避免失败者”，这类人的成就动机水平一般比较低，在完成规定的任务时，首先想到的是如何避免失败，而不是如何取得成功，所以此类被试往往会选择容易或者非常困难的任务。因为选择容易的任务可以轻易取得成功，避免失败；而选择非常困难的任务，即使失败了，也可以找借口安慰自己，从而保全面子，减少挫败感。而那些成就动机水平高的人，往往会选择追求成功。

后来，阿特金森设计了一个十分经典的实验。在实验中，阿特金森把 80 名大学生分成 4 个小组，每个小组 20 人。在实验开始的时候，阿特金森会告诉这些大学生需要完成的任务，每个人的任务都是相同的。

阿特金森对第一组被试说："只有成绩最好的人才能得到奖励。"也就是说，这 20 人中只有一个人能得到奖励，也就是第一名；他对第二组被试说："成绩前 5 名的人可以得到奖励。"这样一来，第二组成员得到奖励的概率就加大了；阿特金森对第三组被试说："成绩前 10 名的人可以获得奖励。"20 个学生中获得奖励的概率更大了；阿特金森对第四组被试说："成绩前 15 名的人可以获得奖励。"在这个小组中的大学生比较幸运，可以更轻松地获得阿特金森提供的奖励。

实验结果是，第二组和第三组被试的成绩最好，因为这两个小组中学生们获得奖励的可能性比较适中。而第一组被试获得奖励的概率太低，第四组被试获得奖励的概率太高。不论是太高还是太低，都不利于学生学习成绩的提高，反而会造成学习成绩的降低，这是因为在这两个小组中学生们的成就动机降低了，属于"避免失败者"。

第一组中，被试会认为即使自己尽最大的努力，也很难取得成功，毕竟获得奖励的名额只有一个。而且，这个小组中的学生会有这样的感觉，就算自己没有获得奖励。也没什么，还有 18 个人和自己一样。第四组中，被试会认为即使自己不努力也会获得奖励，自己肯定会在前 15 名之内，既然如此，也就没必要努力了。而第二组和第三组被试会认为，如果尽自己最大的努力，就有可能取得成功；而如果不努力的话，就有可能失败。

延伸阅读

20 世纪 50 年代末期到 60 年代初期，美国哈佛大学教授戴维 · 麦克利兰展开了大量的实验研究，实验对象是一些不同年龄和不同特征的被试，实验目的是研究成就动机。其中一项实验十分经典，证实了成就动机的存在，实验对象是 5 岁的儿童。

麦克利兰每次会让一个孩子走进一间屋子，孩子的手中拿着许多绳圈，而孩子的任务就是用绳圈去套房间中央的一个木桩。此外，麦克利兰还告诉孩子："在套木桩之前，你需要预测一下能够套中多少个木桩。当然，你可以随意选择自己的位置。"

实验发现，追求成功的儿童会选择距离木桩适中的位置；而避免失败的孩子的选择则呈现极端的现象，要么距离木桩的位置非常近，要么距离木桩的位置非常远。

对于实验中的这种现象，麦克利兰是这样解释的，那些追求成功的孩子之所以会选择距离木桩适中的位置，是为了保证这次任务的挑战性和成功的可能性，这样会更有成就感。而那些避免失败的孩子关注的不是成功或者失败，而是尽量避免失败或是与失败有关的消极情绪出现。所以就出现两种极端的情况：当孩子距离木桩很近的时候，几乎没有失败的可能，很容易取得成功，这种做法并不能让孩子获得成就感，但是却可以避免失败的结果。当孩子距离木桩很远的时候，几乎没有成功的可能，每次都是失败的，孩子自然也知道这种结果，而且会认定没有人能在这样远的距离套中木桩，所以失败是理所当然的，这种失败的结果并不会给孩子带来消极沮丧的情绪。

麦克利兰的这个发现不仅体现在这个实验中，其他许多实验也证实了这个结论，而且适用于不同的年龄。

经过大量实验研究，麦克利兰对成就需要和工作绩效的关系做出了十分具有说服力的总结。首先，麦克利兰认为高成就需要者喜欢独立负责且具有中度冒险的工作环境，因为在这种工作环境中，高成就需要者可以获得高度的激励，而且此类工作者容易在小型企业中独立负责的部门获得成功。

但是在大型企业或其他组织中，高成就需要者就不是一个优秀的管理者。因为高成就需要者往往只对自己的工作有浓厚的兴趣，而不关心其他人的工作。而优秀的管理者需要对员工进行训练以激发员工的成就需要，只有这样才能管理好一个部门。

此外，麦克利兰还在实验的基础上提出了人的各种需要，他认为一个人在工作中往往会有 3 种重要的动机或需要，即成就需要、权力需要及亲和需要。

成就需要是指人在工作中想要取得成功或者希望做到完美的动机。权力需要是指人在工作中影响和控制他人的一种愿望和动机。不同的人对权力的渴望程度会不同。对权力渴望较为强烈的人往往喜欢支配和影响他人，特别喜欢对他人发号施令。亲和需要是指人在工作中希望得到他人的喜爱和接纳。对于一个管理者而言，权力需要与亲和需要都十分重要。

❖ 走过独木桥——弗洛姆效应实验

弗洛姆效应是根据美国著名心理学家弗洛姆的一次经历提出的。有一天，弗洛姆的学生前来请教："请问教授，一个人的心态会对他的行为产生什么样的影响？"弗洛姆并没有直接回答学生的问题，而是把学生带到一个房间中。

在弗洛姆的指引下，学生们很快且轻松地穿过了伸手不见五指的神秘房间。到房间的另一头后，弗洛姆按了一下开关，在灯光下，学生们才看清楚房间内的布置以及他们刚才走过的独木桥，脸上都露出了后怕的表情，有的学生甚至瑟瑟发抖。

学生们之所以会产生恐惧的情绪，是因为这间房子中有一个很深很大的池子，池子中没有水，而是蠕动着各种各样的毒蛇，有眼镜蛇，还有一条大蟒蛇，那些毒蛇甚至昂起了头，朝着他们吐着蛇芯子。难怪这些学生会害怕，这个房间内的布置简直就是现代版的“虿盆”（在《封神演义》中商纣王的妃子妲己被描写成一个美貌的蛇蝎妇人，为了惩罚宫中的嫔妃设置了虿盆，虿盆中有各种各样的毒蛇）。

在池子的上方有一座独木桥，刚刚学生们就是在弗洛姆的指引下走过来的。这时弗洛姆看着学生们说：“现在，你们还愿意走过这座桥吗？”听到弗洛姆这样说，学生们都瞪大眼，谁也不说话。最终，有 3 个学生犹豫着站出来，表示自己愿意试一试。

于是，这三个学生鼓起勇气朝着独木桥走去，当他们一踏上独木桥后就忍不住颤抖起来，毕竟如果一不小心掉下去，他们就会被毒蛇咬死，面临着生命危险。

等这 3 个学生走过独木桥后，弗洛姆手按了一下开关，又打开了几盏灯，这时房间的光线更加明亮，学生们终于看清房间中的所有布置——独木桥下面设有安全网。也就是说，就算有人从独木桥上掉下来，也不会掉到有毒蛇的池子中，这张安全网会保障他们的生命安全。

这时，弗洛姆继续问道：“现在所有的人都看到这张安全网。有谁愿意挑战一下，走过这座独木桥？”没有学生回应弗洛姆。看到学生们依然畏惧的样子，弗洛姆问道：“既然你们已经看到安全网，为什么还不愿意走过这座独木桥呢？”学生们心有余悸地问道：“这张安全网真的能完全保障我们的安全吗？如果安全网的质量不可靠的话，那该怎么办？我们不能拿自己的生命冒险。”

弗洛姆笑了笑说：“现在我可以解答你们之前的疑问了。其实这座独木桥并不难走，你们之所以不愿意走过独木桥，并认为走独木桥很困难，是因为独木桥下的毒蛇对你们造成了心理上的威慑。这种威慑使你们平静的心态起了变化，你们开始慌乱，从而出现畏惧的行为。如果我告诉你们，其实池子里面的毒蛇根本没有毒，因为它们的毒腺已经被除掉了，你们慌乱的心境或许可以平静许多。”

人生路漫漫，我们会面临各种各样的挑战，有时候会胜利，有时候会失败。造成失败的原因有很多，但是其中一个最重要的原因就是心态。如果没有一个良好的心态，我们就不能把握整个局势，并且分析局势的利弊，被面前的困难吓住，不敢继续前进。

恐惧是一种消极的情绪，当一个人处于恐惧中的时候，往往只剩下逃避的本能，而丧失了理智。但是恐惧有时候只是我们对未知危险的想象，而事实上危险并未发生。

延伸阅读

相传在战国时期，有一位国君准备选择一批勇士作为参加战争的主力军。国君的属下为他找来许多熊腰虎背的壮汉，这些壮汉要武艺有武艺、要力气有力气。但是，最终这位国君一个也没有留下，这是因为壮汉们没有通过他所设置的考验，不是他想找的勇士。

国君的考验是让壮汉们走过一个悬崖，那些壮汉害怕自己会失足落入悬崖中，一个个都不敢走。而国君认为一个真正的勇士是内心勇敢的人，一个连悬崖都不敢走的人肯定是一个内心胆怯的人。这种人即使上战场也会变成敌人的俘虏。

❖ 管理者要有决断力——企业民主管理调查

20 世纪 70 年代，美国著名心理学家斯金纳对企业中存在的民主现象产生了很大的兴趣，并开始展开研究。斯金纳对美国 300 多家企业进行了详细的调查，并且把调查的结果加以归纳和总结。

在现实生活中，有不少企业管理者为了显示亲和力，努力为员工营造一种民主的氛围，也就是给员工许多自主权，让员工在“多项选择”中做出自己的决定。这里所说的“多项选择”是大多数企业常常采取的民主手段，具体是指当员工的工作能力达到规定的程度后，企业就会给员工一定的自由，如让员工自主选择工作岗位和工作时间等。随着企业的不断发展，这种体现民主的“多项选择”的范围扩大了，即员工多了一项自由选择去留的权利。

大多数企业之所以会实行“多项选择”的管理决策，是为了提高员工工作的积极性，这样一来就能为企业赢得更多的利益。因此，许多管理者十分看好“多项选择”这一决策。

然而有意思的是，体现民主的“多项选择”这一政策却不被员工所喜爱，大多数员工认为这项政策只是表面上比较民主罢了，事实上他们根本没有感觉到民主。

在调查中，斯金纳发现了一个与民主相反的有趣现象。那些决策能力强的企业不仅经营的业绩不错，而且员工们都十分喜爱自己的工作。这些企业的管理者在那些奉行民主原则的管理者眼里，没有民主作风、专制且不尊重员工的意见，员工的工作任务就是遵守管理者直接下达的命令。

斯金纳还发现，采用“多项选择”政策、坚决维护民主原则的企业不仅经营业绩不如“专制”企业，而且员工们也怨声载道，认为自己所在的企业不是一个值得信任的企业。

这种与预想相反的现象引起斯金纳的兴趣，为了找到出现这种现象的原因，他决定展开深入的调查研究，也就是与那些决策力薄弱的民主企业的员工们进行交流，了解他们对企业实行民主政策的真正看法。

斯金纳问：“看起来你对自己的工作很不满意，是在工作中发生什么不愉快的事情吗？你能告诉我吗？”员工答道：“我在工作中倒是没发生什么让自己恼火的事情，但是我就是对工作不满意。因为我在工作的时候总有一种迷茫的感觉，找不到具体的方向。”

斯金纳：“感到迷茫？既然已经找到工作，好好干就可以了，怎么会感到迷茫呢？”员工：“因为我们的管理层不具备一个管理者应该具有的决策力，把所有该做决定的事情都交给我们员工，这样我和同事们在努力工作的时候就会觉得没有方向感。而且我和我的同事们对这种没有决策力的企业感到十分失望。”

斯金纳：“缺乏决策力？据我所知，你所在的这家公司是一个很民主的企业。既然你这样说，能不能举一个例子？”

员工：“大多数管理者都认为，只要给予员工更多的权利就是民主。可是他们的这种决定只会让我们的工作变得更加糟糕和混乱。例如，我们公司有一项规定，当员工的工作能力达到某种标准后，就可以自主选择其他工作岗位。这种特殊的权利听起来真的挺不错，这样一来员工会有更大的发展空间，也获得了一定的自由，可以按照自己的喜好去选择工作岗位。但是，当我们在享受这项权利时，往往很容易陷入混乱。比如，我们公司的许多员工都想去技术研发部门工作，并认为那里是实现自我价值的最佳场所。根据公司民主的规定，有许多能力不足或是缺少工作经验的员工也想进入技术研发部门。这样就会出现许多人争抢一个职位的混乱现象。这种混乱会耽误我们许多时间和工作。在这种混乱的时刻，每个员工都希望公司的管理层能拿出强有力的决策力，哪怕采用专制的手段，毕竟那是结束混乱最有效的手段。但是我们公司的管理层为了贯彻‘多项选择’的民主制度，任由这种混乱的现象维持下去。所以，我们很失望。”

斯金纳通过对实行民主制度企业员工的调查发现，员工之所以不喜欢“多项选择”这项民主政策，是因为这个规定不仅起不到民主的作用，还会让员工觉得管理者没有他们应该具有的果断与强有力的决策力。员工对这样的管理层很失望，并且把失望的情绪带入工作之中。

延伸阅读

斯金纳通过调查研究发现，对于一名普通的员工而言，企业内所实行的民主必须与员工的切身利益相结合，否则民主只会让员工不满，甚至认为那种所谓的民主是虚伪的，只是冠以“民主”的名头而已。

而“多项选择”制度虽然被认为是民主的，但并不是真正意义上的民主。有不少员工甚至会觉得“多项选择”的民主制度不仅与民主毫无关联，反而是管理层为了偷懒所实行的政策，因为“多项选择”的民主制度让员工看不到管理层的决策力，管理层的做法简直就是放任不管。

作为一名管理者，在管理工作中体现出自己果断的决策力十分重要。决策力可以帮助管理者取得员工的信任，还能为自己树立起权威形象，方便以后的管理工作。

相反，如果管理者在工作中，为了坚持所谓的民主原则，没有体现出自己的决策力，那么员工就会觉得你不适合做管理类的工作，这样管理者在以后的工作中行使职权将变得困难。久而久之，员工就会产生无所适从之感。

在管理工作中，适当地采取一些专制手段是必不可少的，而且往往能取得不错的效果。尤其是在混乱的状态下，专制手段不仅可以尽快控制住混乱的局面，还可以取得员工的信任和认可。

民主原则虽然是时代进步的象征，但是并不代表民主原则就能“包治百病”，适合于所有领域。在一个团体中，如果管理人员在决定做某件事情的时候，非要经过所有人的同意，那么他永远也做不成。因此，在做决定的时候，使用专制的手段还是很有必要的。此外，专制的手段还可以让群体产生一种归属感。

在第二次世界大战期间，英国首相温斯顿·丘吉尔临危受命，担任首相的职位。这个时候，英国面临灭亡的危险，这种混乱的局面不可能继续执行民主的制度，英国人需要一个强有力的领袖，领导他们一起击败德国侵略者。而丘吉尔的性格十分适合。

后来，英国在极端弱势的局面下抵抗住德国的进一步侵略，没有像欧洲的许多国家一样战败。这是因为英国军队和人民在反抗侵略中表现得十分勇敢和顽强。而这种精神与丘吉尔强有力的领导是分不开的。就像丘吉尔在一次演讲中所说的那样："我们必须赢得这场战争，不惜一切代价。因为没有胜利，我们就不能生存。"从丘吉尔的这句话中，我们可以强烈地感受到他果断和坚毅的领导风范。

❖ 金钱不是万能的——雷帕的奖励实验

著名心理学家雷帕做过一个很经典的实验，这个实验被称为"奖励实验"。首先，雷帕在一所学校随机挑选20名喜爱画画的儿童，他把这些儿童随机划分成两个实验小组。每个小组10人，被安排在不同的环境中接受绘画训练。

雷帕对第一组儿童说："如果你们在接受绘画训练的时候十分努力，而且画得很好，那么教你们绘画的老师就会给你们发礼物，这是奖励。这个礼物是你们想得到的东西。"小朋友听到有礼物，十分高兴，在学习画画的时候十分认真，想要得到礼物。

雷帕对第二组儿童说："孩子们，老师对你们的期望很大，他很看好你们。他很感谢你们能选择绘画作为自己的兴趣，而且认为你们选择绘画是一个十分正确的决定，他会尽自己最大的努力去教你们画画，希望你们能认真对待。"

在绘画培训刚刚开始的时候，这两组孩子们的态度都十分认真，每次努力画完画之后，都是兴高采烈地交给老师。但是，两组孩子的动机却不一样。第一组孩子是因为想要得到礼物，才这么认真和兴致勃勃。而第二组孩子只想得到老师对自己作品的肯定，这样才能实现他绘画的价值。

第一组孩子用自己辛苦创作的作品得到了梦寐以求的礼物。第二组孩子虽然没有得到礼物，却得到了老师的赞美。这项实验需要进行一个月的时间，才能看出实验的结果和效果。

很快，一个月过去了，雷帕开始验收自己的实验成果。这两个小组的儿童对绘画的态度出现了很大的差异。第一组孩子，也就是那个用绘画作品去换取礼物的小组，对绘画的兴趣明显下降了很多。有的孩子甚至对绘画一点儿也提不起兴趣来，把自己的注意力转移到其他兴趣爱好上。可是第二组孩子依然对绘画保持着高涨的热情，有的孩子甚至比参加绘画培训之前更喜爱绘画。要知道，不论是第一组孩子还是第二组孩子，在参加绘画培训之前都对绘画十分感兴趣，不然雷帕也不会挑选他们来参加这次的实验。

奖励实验就此结束，通过这项实验，雷帕得出一个结论，即过多的奖励不仅起不到激励的作用，反而会出现副作用。

但是，雷帕得出的结论并没有得到大多数人的认可，因为他选择的实验范围太过狭隘，并不适合所有领域。为了验证自己的结论，雷帕把奖励实验延伸到不同的实验对象身上，甚至在不同的国家、地区和不同成长环境的被试中进行了奖励实验。

奖励实验的对象虽然不同，但是得到的实验结果却大同小异，都证明了雷帕的理论。后来，雷帕的这一结论还被应用到现实生活中，尤其是管理领域。

延伸阅读

管理层为了提高员工工作的积极性，想出各种各样的办法，其中实行奖励政策就是一种十分常见的手段。而且管理层发现，当员工得到的奖励越多时，工作积极性就会越高；相反，如果奖励过低，那么员工工作的积极性就会大打折扣。基于这种常识，许多管理人员会理所当然地认为奖励越多，员工工作的积极性就会越高。但是，事实远非如此。

在2001年的时候，美国发生了著名的“安然事件”，这个事件就证明奖励并非越多越好，过多的奖励反而会起到消极的作用。

安然公司刚刚成立起来的时候，管理层就认定人才是公司发展的关键所在，所以想尽办法留住公司的精英。这家公司采取的方式就是实行高奖励政策。起初这种方式的确产生了不错的效果，员工们为了得到高奖励纷纷努力工作，因此在这个阶段内，安然公司发展十分迅速。

可是，安然公司这种欣欣向荣的状态并没有维持多长时间，公司员工工作的积极性很快就被高昂的奖励给腐蚀了。特别是安然公司的高层们，他们开始不满于手中得到的奖金，他们想要得到更多，所以就采取了非常规手段——贪污、挖公司墙脚、制造亏空假账。没过多长时间，安然公司就被高管们挖空了。由于资金短缺，安然公司只好宣布倒闭。

奖励的确会让员工提高工作积极性，但是过度慷慨的奖励只会让员工把注意力集中在奖励本身，从而觉得自己工作的目的和意义就是得到更高的奖励。而且，过高的奖励还会使员工出现贪得无厌的心理，只想得到更多的奖励。

但是公司出于自身的考虑，当奖励达到某种程度后就不会再继续提升了。这时，公司停止增加奖励的选择，只会让员工们产生不满和抱怨，进而影响工作的积极性。

在美国管理界流行着这样一句话："不要让你的员工吃得太饱，因为这样会使员工迷失工作方向。"这种工作方向的迷失，其实就是员工把得到过高奖励作为工作的目标。如果一家公司所有员工的心思都花在敛财上，那么这家公司就是没有希望的。

给予员工过高的奖励，会起到负面的作用，并不意味着要给员工最低奖励或者不给予奖励，如果真的这样做，也很难调动员工工作的积极性。

关于这一点，美国著名的管理学者彼得·帕里给出忠告："在奖惩管理中，一直存在一种无形的力量，影响着管理的效果。它既不是原则，也不是制度。这种力量虽然看不见、摸不着，但却是真实存在的。它在管理中的作用类似于杠杆，也可以说是度。在管理工作中，不管是使用惩罚的措施，还是采用奖励的手段，都应该把握好尺度，不论是超过还是不足，都无法得到良好的管理效果。"

既然这种无形的力量这么神奇，那么彼得·帕里所说的这个看不见、摸不着，但是却真实存在的尺度，到底应该如何把握呢？这一点应该根据具体情况而定。

不过，心理学家雷帕给了管理人员一个非常有价值的建议，即在管理中把握好一个"八分饱"的尺度。这里的"八分饱"并不是让管理层对员工实行苛刻的奖励制度，不给员工颁发属于他们的那"两分"奖励，而是选择一个恰当的时机。

有一家公司的管理者在颁发属于员工的那"两分"奖励时，采用了这样的方式："这是你的奖金 8000 元。"等员工准备离开的时候，管理者叫住员工："等一下。公司觉得你在这一年的表现十分优秀，这与你的家庭是分不开的，所以公司把另外这 2000 元发给你的妻子，以表示对你妻子的感谢。"事实上，这 2000 元是员工奖励中的一部分，只是采取了不同的方式颁发给员工。而员工的妻子也会十分感激公司，会更加支持乃至督促丈夫努力工作。

❖ 有计划才有效率——定位速效法实验

心理学家做过这样一个实验：将一个班级的学生随机划分为 3 个小组，并告诉每个小组的学生，他们的任务是前往 10 公里外的村庄，看看哪个小组先到达目的地。当然，实验者对每个小组的安排是不同的。

甲组学生不知道村庄到底有多远，实验者只是让他们跟着向导走就可以了。刚刚走了两三公里后，甲组学生中就有人叫苦连天，有的学生开始抱怨，整个甲组学生的情绪变得低落且涣散。这样一来，甲组有了一种溃不成军之感。

乙组学生也有向导的指引，他们和甲组一样只需要跟着向导走就可以了。但是不同的是，乙组学生知道他们距离目的地的村庄一共有十公里。但是也仅此而已，乙组学生除了跟着向导走别无他法，他们不知道自己走了多少，也不知道还剩下多少路程。结果当乙组学生走了不到一半的路程后，就开始有人叫苦不迭，行走的速度也变得越来越慢。有的学生估计快要到达目的地的时候，会鼓励其他学生振作起来，他们开始提起精神努力行走，速度也变得快起来。

丙组学生不仅知道自己距离目的地的距离有 10 公里远，而且在行走的路途中还有路牌的提醒，在路牌上有里程的标志。因此丙组学生既知道自己走了多少路程，也知道还剩下多少路程。这个过程，丙组学生都心中有数。结果是，丙组学生一路上的精神状态都很好。而且当丙组中有学生感到劳累时，他们一看路牌就知道还剩下多少路程，就会提起精神继续走下去。

实验的最终结果也是显而易见的，丙组学生最先到达目的地，乙组第二个到达，只有甲组行走速度最慢。因此，心理学家把这种现象称为

“定位速效法”，即按计划工作，不仅目的明确，工作效率也最高。

延伸阅读

定位速效法常常被运用在企业的管理上。首先，管理者需要设置一个奋斗目标。这需要管理者在全面了解下属的基础上确立合理的奋斗目标，因为只有这样才能激发员工的工作积极性。

其次，既然已经制订好奋斗的计划，那么接下来就是行动。管理者需要督促员工完成工作计划。此外，管理者还需要随时关注员工工作计划的完成进度，在必要的时候伸出援助之手。

最后，管理者需要及时发现员工的进步，并且给予鼓励和表扬，这样可以增加员工继续工作的信心。

❖ 决策出错的原因——自然推理实验

在日常生活中，我们总是不可避免地做出一些决策。在做出决定之前，我们会进行一番推理和思考，以保证自己做出最正确的决定。对于普通人而言，由于没有受到过逻辑学的训练，做出决策之前会根据以往的经验来进行推理与决定。这种做决策的过程并没有讲究严格的形式，所以被称为“自然推理”。然而，尽管有以往的经验做基础，但是当涉及较为复杂的问题时，这种经验反而会给自然推理带来阻碍。

心理学家阿莫斯·特沃斯基很早就开始设计实验研究自然推理与决策方面的问题。实验的地点是一个实验中心，特沃斯基把被试划分为两个小组。第一组被试有 100 人，其中 70 人的职业是工程师，30 人的职业是律师。第二组被试有 100 人，其中 30 人的职业是工程师，70 人的职业是律师。

然后，特沃斯基会从这两个实验小组中各随机抽出一个人，让两个小组中的其他被试判断这个人是工程师的概率。结果，所有的被试都可以给出正确的答案，第一组被试的答案是 70%，第二组被试的答案是 30%。

接下来，特沃斯基又从 100 名被试中抽取出一名被试，并对这名被试进行了一番描述："随机抽出的这个人今年 45 岁，已婚，并且有 4 个孩子。他不善言谈，但是却很细心，而且很有进取心。这个人对社会和政治问题一点儿兴趣也没有，他把大量的时间和精力都放在自己的爱好上，如做木匠活儿、驾船出游、解答数学题等。"

然后，特沃斯基会分别问两个小组一个问题："这个人是工程师的概率有多大？"由于特沃斯基的这段描述十分符合工程师的典型性格，所以两个小组的被试都忽略了工程师在小组中所占据的概率，均认为这个人是工程师的概率超过 90%。第一组被试这样认为还是可以理解的，毕竟在那个小组中工程师的概率本来就有 70%。但是第二组被试居然也这样认为，那个小组中工程师的概率只有 30% 而已。

这个实验现象说明，人们在判断某人属于某一类人的时候，只会考虑对这个人描述的典型特征，而忽略这一类人在总人数中所占据的基本概率。这样做，会很容易出现错误。这是因为人们往往采用自然推理的决策方式。

延伸阅读

特沃斯基还发现问题的形式也会影响人的推理和决策。例如，两个问题的内容完全相同，但是采取了不同的提问形式，有时甚至会得出截然相反的结果。特沃斯基是在实验中发现这种现象的。

在实验中，特沃斯基首先给被试描述一种问题的具体情况："假设现在美国一种流行性疾病暴发，估计这次流行性疾病会带走 600 个人的性命。有两种方案可以对付这种可怕的疾病。如果采用第一种方案，会有 200 人得救；如果采用第二种方案，600 人得救的概率是 1/3，全部死亡的概率是 2/3。”最后特沃斯基会问被试：“如果是你，你会选择哪种方案？”结果 75% 的被试选择了第一种方案。

然后，特沃斯基开始对这个问题采用了另外一种描述形式：“假设美国现在正在流行着一种疾病，估计会造成 600 人死亡，目前有两种方案可以解决这种状况。第一种方案会造成 400 人死亡；如果采用第二种方案，无人死亡的概率是 1/3，全部死亡的概率是 2/3。请问，你会选择哪种方案？”结果 75% 的被试选择了第二种方案。

这个实验结果证明，问题的提问方式也会对推理产生巨大的影响。

和这个实验相似的还有一个故事。相传有一个国王做了一个奇怪的梦，他梦见自己的牙齿全部掉光了（在古代，人们认为掉牙齿是不吉利的，意味着会有亲人离世）。第二天，国王就问诸位大臣这个梦的意义。有一个大臣老实地说：“这说明，您的亲人会比您早死。”结果国王一怒之下把这个大臣杀死了。另外一个大臣说：“这说明，您比你的家人都长寿。”结果这个人获得了国王的赏赐。

第六章

好好学习，天天向上
——记忆学习经典实验

❖ 记忆是如何形成的——海兔实验

海兔是一种软体动物，虽然属于甲壳类动物中的一员，但是在长期的进化过程中，它的贝壳已经退化成为内壳，即一层薄薄的角质层被肉体包裹在外套膜里。

海兔的神经系统十分简单，只有1000多个神经元。而且，海兔单独一个神经节内的较少量神经元就能完成一个简单的学习行为。最重要的是，海兔的神经元胞体比较大，方便进行生化及药理学研究。尤其是海兔具有特殊的缩鳃反射效应，这样海兔就成了研究学习和记忆的天然模型。

美国神经生物学家埃里克·坎德尔在研究神经记忆功能的时候，一开始以哺乳动物为研究对象，但是哺乳脊椎动物的神经系统结构和功能太过复杂多变，研究起来十分不易。所以20世纪60年代后期，埃里克·坎德尔选择神经系统结构简单、神经元数目较少的加利福尼亚海兔作为实验对象。这是因为低等无脊椎动物和高等哺乳动物一样，也具有习惯化和敏感化这两种学习行为。

在研究中，埃里克·坎德尔很快就发现，在触碰到海兔的喷水管时，海兔的鳃很快就会缩到外套腔内（相当于脊椎动物防御性反应）。但是当埃里克·坎德尔每隔一分钟重复触碰海兔的喷水管时，海兔缩鳃反应的幅度就会渐渐变小，好像形成一种习惯。

埃里克·坎德尔为了在海兔身上建立起缩鳃反射的敏感化（使习惯化的缩鳃反应恢复到原来的反应幅度），开始对海兔的尾部进行一些短暂的强电震刺激。这样海兔的缩鳃反应就会被加强。

根据训练强度的不同，海兔习惯化和敏感化可以维持几分钟到数小时，这说明海兔形成短时记忆。有时也可以维持数天甚至数星期，这说明海兔形成长时记忆。

关于短时记忆和长时记忆之间的联系，埃里克·坎德尔也在实验中有所发现。在敏感化实验中，给海兔施加单一敏感刺激所产生的记忆能维持几个小时，4 次连续敏感化刺激可以维持几天。如果在 4 天内间歇性地给海兔施加 16 次刺激，那么海兔的记忆可以维持几周。这说明，记忆的巩固会随着刺激重复次数的增多而加强。也就是说，想要把短时记忆变成长时记忆，就必须不断地进行巩固。

延伸阅读

埃里克·坎德尔在 20 世纪 90 年代开始研究神经系统更为复杂的老鼠，通过对老鼠的实验研究有关学习和记忆的基因。

埃里克·坎德尔发现，脑部海马突触的长期改变对空间记忆的储存十分重要。在 1999 年时，埃里克·坎德尔的研究团队开始对年轻和年老的老鼠做迷宫实验，并在实验过后研究老鼠脑部的海马切片。他们发现，年老老鼠空间记忆的衰退与脑部海马长期增强的后期阶段减少有关。埃里克·坎德尔的这项研究同样适用于人类，即我们的记忆功能与大脑中的突触有关。

❖ 遗忘是如何发生的——艾宾浩斯遗忘曲线

人的记忆有一定的规律，我们在学习知识之后就开始遗忘，但是遗忘的进程并不均匀，起初遗忘的速度很快，随后渐渐变慢。这个遗忘规律是德国著名心理学家艾宾浩斯首先发现的。

艾宾浩斯为了研究遗忘规律，发明了一种记忆材料，即无意义音节（可以读出来，但是不代表任何意义），用这种记忆材料做实验，可以避免许多干扰的因素。艾宾浩斯一共设计了2000多个无意义音节。此外，艾宾浩斯还在学习时间、背诵次数、记忆间隔时间和记忆方法等方面给予严格的控制，以保证测量结果的一致性和可靠性。

总的来说，艾宾浩斯设计了大量的无意义音节，然后在严格的实验条件下研究遗忘的规律。他先在自己身上进行实验，而后在其他被试身上进行重复实验。

在实验开始后，艾宾浩斯会要求被试熟记许多无意义音节，在20分钟后进行回忆。结果发现，这些被试并不能把记忆材料中的无意义音节完整地回忆出来。于是，艾宾浩斯要求被试继续进行学习记忆，重新牢记这些无意义音节。虽然第二次的记忆是一个重新开始的过程，但是比第一次记忆节约了大量的时间。艾宾浩斯会把节约的时间记录下来，并计算出节约量，即保持量，表示还记得多少。

接着，艾宾浩斯会让被试重新学习另一套记忆材料中的无意义音节。在被试记熟之后，过一个小时再进行学习记忆，并计算节省量。之后再换一套无意义音节。

这种记忆学习持续进行了很长时间，而且两次学习记忆的时间间隔也逐渐被拉长。最开始是20分钟、1个小时，渐渐变成8至9个小时、1天、2天、6天、31天。之后，艾宾浩斯会把第二次记忆中节约的时间记录下来，计算节约量。

以下是艾宾浩斯根据不同间隔时间计算出的节约量，也就是被试的记忆成绩。间隔20分钟，节约量为58.2%；间隔1小时，节约量为44.2%；间隔8至9个小时，节约量为35.8%；间隔1天，节约量为

33.7%；间隔 2 天，节约量为 27.8%；间隔 6 天，节约量为 25.4%；间隔 31 天，节约量为 21.1%。

根据这个实验结论，艾宾浩斯绘制出遗忘曲线图，充分表现了人们遗忘的规律。例如，在刚刚学习记忆后，人们记住的无意义音节最多；20 分钟后，所记住的无意义音节开始大量遗忘，仅仅保留 58.2%；1 个小时后，仅剩 44.2%。接下来，人们遗忘的步伐变得越来越慢，直到 31 天后，被试还能记住记忆材料中无意义音节的 21.1%。这个遗忘曲线图说明人的遗忘规律是先快后慢的。

可是，有人对艾宾浩斯的遗忘曲线产生怀疑。这是因为艾宾浩斯在研究遗忘规律时，采用的记忆材料是无意义音节，通过这种实验总结出来的遗忘规律不见得适用于所有的记忆。如果换了其他记忆材料，艾宾浩斯所研究的遗忘规律还适用吗？

许多心理学家也对艾宾浩斯的遗忘规律产生怀疑，并且根据这个疑问进行了多次实验。心理学家发现，虽然记忆的材料不同，得到的遗忘曲线也不同，但是总体来说，人们遗忘的进程还是先快后慢的。

艾宾浩斯所绘制的遗忘曲线告诉人们，在学习过程中的遗忘是有规律的，遗忘的进程发展很快，并且先快后慢。通过遗忘曲线可以发现，在刚刚记忆的一天内，如果不抓紧时间复习，那么就只剩下原来的 25%。而且所记忆的内容会随着时间的推移渐渐遗忘，但是这种遗忘的速度会逐渐减慢，也就是说，遗忘的数量正在减少。

关于这一点，有人做过一个实验。实验人员首先让两组学生学习记忆一段课文，甲组学生在学习记忆后不进行复习，结果一天后有关课文的内容记忆率仅仅保持 36%，一周后只剩下 13%。而乙组学生按照艾宾浩斯的遗忘规律进行复习记忆，一天后他们的记忆率保持在 98%，一周后的记忆率为 86%。乙组学生的记忆率明显高于甲组学生。

因为遗忘的规律是先快后慢的，所以在学习新的知识以后，要尽早安排复习，巩固所记忆的新知识，只有这样才能避免大规模遗忘，从而取得良好的记忆效果。

延伸阅读

记忆实验是对人类记忆能力进行的科学研究实验，艾宾浩斯是研究人类记忆的第一人。在艾宾浩斯之前，心理学家冯特建立了世界上第一个心理学实验室，把心理学引入一个全新的科学领域。但是，冯特的研究却把记忆和思维等高级心理过程排斥在心理学实验之外。而艾宾浩斯并没有这样做，因此今天我们才看到了著名的艾宾浩斯遗忘曲线。

在艾宾浩斯的记忆实验中，除无意义音节以外，还有有意义音节的记忆。而著名的艾宾浩斯遗忘曲线是针对无意义音节而言，除此之外，艾宾浩斯还根据有意义音节记忆实验绘制出不同性质记忆材料的遗忘曲线图，尽管这些遗忘曲线图并不完全相同，但是所体现的遗忘规律大体上是一致的，即遗忘是先快后慢的。

在艾宾浩斯所有的记忆实验中有这样一个有趣的现象，被试为了记住 12 个无意义音节，平均需要重复 16.5 次；记住 36 个无意义音节，平均需要重复 54 次；而记住六首诗中的 480 个音节，则平均只需要重复 88 次。

这个实验告诉我们，凡是理解的知识更容易记住，而记住的速度会很快，且全面、牢固。如果是不理解的知识，记忆起来会十分困难，而且比较耗费精力，在以后的回忆中也很困难。

❖ 不靠谱的证人——证人可信度实验

在日常生活中，人们往往相信“眼见为实”的说法。当人们看到某种事物后，会在脑海中留下印象，如果是一种印象深刻的事物，往往会将其牢牢记住，并形成所谓的记忆。信任别人不容易，人们往往最信任自己，尤其是相信自己的记忆，但是你的记忆真的可靠吗？

认知心理学主要以研究人的思维过程为主题，如人们思维过程中的智力、思考、推理能力以及我们如何储存和回忆经验中有代表性的信息等。

人类被称为“高等动物”，在漫长的进化过程中脱颖而出，虽然没有肉食动物锋利的牙齿，也没有食草动物逃命的速度，但是却发展得越来越繁荣，这一切都得益于人类那构造复杂的大脑。可以说，人类与其他动物最大的区别就在于复杂的思维过程。

对于认知心理学家而言，研究人类复杂的思维过程远远比研究人类可观察的行为要困难。要想研究人类复杂的思维过程，记忆是一个绕不开的重要内容。甚至可以说，人类的思维根本离不开头脑中的记忆。

在日常生活中，人们会根据感觉器官提供的信息感知外界事物，并形成一定的思维过程。但是当事物不再作用于感觉器官后，这种思维过程并不会随之消失，这是因为人类拥有记忆。在一定条件下，关于这个事物的记忆会重现出来，并继续思维过程。例如，当我们看到一幅画后，会有一定的思维过程。但是当这幅画消失后，我们会根据记忆把这幅画的内容大致回想起来。

如果一个人的大脑受伤或者有精神上的疾患，那么就会出现对某一段时间或某一类经验的遗忘，也就是心理学上所说的记忆障碍，这会造成心理活动的困难。

但是对于一个正常人而言，是不是我们的记忆就是完全可靠的？我们的记忆在多大程度上能反映过去的经验呢？我们的记忆是否具有精确性？我们的记忆能精确到什么程度呢？

华盛顿大学心理学家劳夫塔斯也有相同的疑问，并且用一系列的实验进行研究。通过这些实验，劳夫塔斯提出，人的记忆并不是对过去经验的单纯再现，而是对过去经验的再造。

在第一个实验中，劳夫塔斯安排150名学生观看一段有关撞车事故的电影。在电影中，肇事司机由于冲过停车标志牌，与迎面驶来的车辆发生了碰撞。车辆相撞的过程只持续4秒钟，整个电影的时间也不到1分钟。

随后，劳夫塔斯把150名学生随机分成两个小组。他向第一组被试提出的第一个问题是："肇事车冲过停车标志牌的时速有多快？"他向第二组被试提出的第一个问题是："肇事车在右转弯的时候时速有多快？"后来，劳夫塔斯又分别对两个小组进行了一系列提问，但都是一些无关紧要的问题。

劳夫塔斯给两个小组的最后一个问题是相同的："你有没有看到那边有个停车牌？"关于这个问题回答的结果如下：第一组有40人（53%）回答他们看到了停车牌，而第二组中有26人（35%）回答他们看到了停车牌。

在第二个实验中，劳夫塔斯安排40个被试观看另一段自编电影。在电影中，有8个学生示威者进入一间教室。看完电影后，被试开始回答劳夫塔斯的问题。这次劳夫塔斯依然把40个被试随意划分成两个小组，他向两个小组提出的问题只有一个不同，一种是："12个示威者中，领头的那个学生是否是男的？"另一种问题是："4个示威者中，领头的那个是否是男的？"

观看电影一个星期之后，这40个被试被劳夫塔斯叫来，继续回答另一组问题。其中最重要的一个问题是："你看见了几个示威者？"第一个小组回答的平均人数是8.8个示威者，而第二个小组回答的平均人数是6.4个示威者。这个实验结果说明，劳夫塔斯的提问措辞可以改变目击者的记忆。

在第三个实验中，劳夫塔斯安排150个学生观看一段车祸的录像，然后让他们回答问题。第一组学生回答的问题中有这样一个问题："那辆白色的跑车在乡间公路上的时速有多快？”第二组学生回答的问题中有这样一个问题：“那辆白色跑车在乡间公路上，路过那个农仓时的时速有多快？”

一个星期后，劳夫塔斯让这两组被试回答另外 10 个问题。其中一个问题是：“你有没有看见过一个农仓？”其中，第一组中说“看见”的学生有 2.7%，第二组中说“看见”的学生有 17.3%。而事实是，那段录像中根本没有农仓。

劳夫塔斯设计这个实验的目的是研究误导性的提问会不会使目击者再造自己的记忆，甚至会给记忆加入根本不存在的东西。实验证明，误导性的提问的确可以使目击者再造记忆。劳夫塔斯在给第二组的问题中提到了农仓，而第一组的问题中没有。结果在一个星期后的测验中，第二组回答“看见农仓”的人数远远高于第一组。

在第四个实验中，劳夫塔斯让 150 名被试观看一段电影：一辆车碰撞了一个推着婴儿车的男人。在看过电影后，劳夫塔斯把 150 个被试随机划分为三个小组，即 A 组、B 组、C 组。

在给 A 组的问题中，有五样根本不存在的事物。例如，你在影片中是否看到一个农仓？给 B 组被试类似的问题时，是这样提问的：“你有没有看到一辆旅游车停在农仓前面？”而 C 组被试则没有此类问题。

一个星期后，劳夫塔斯让被试回答那些关于影片中不存在事物的问题。结果是，B 组的肯定回答最高，为 29.2%；A 组次之，为 15.6%；C 组只有 8.4%。

这个实验结果说明，被试在回答具有误导性的先入为主的问题后，他们对事件的记忆会受到影响，而且很可能会把错误的信息加入自己的记忆中。如果在回答的问题中只是间接提到一个不存在的事物，被试的记忆依然会受到影响。

通过这些实验，劳夫塔斯认为，目击证人在整个刑事案件的调查中常常会被多次询问，而目其很可能会在多次的询问中被误导性的先入之见所影响。

例如，在询问过程中，目击证人常常被问到这样的问题：“那个凶手的枪看上去是什么样的？”或者是：“那辆预谋逃走的车原先停在什么地方？”这样的提问在询问中十分常见，但是却带有一定的误导性，会让目击证人认为那个凶手一定有枪或者有预谋逃走的车，事实上可能根本没有。

延伸阅读

在刑事案件中，目击证人的证词对案件有极大的影响。这是因为我们往往信赖人类记忆的可靠性，认为一个人的回忆就是真实事件的再现。而劳夫塔斯的实验结果告诉我们，事实并不是这样的，人的记忆并不完全可靠。而劳夫塔斯本人也经常被请到法庭向陪审团作证，提醒他们在听取目击者的证词时要多加注意。

美国有一个普通的青年叫罗纳德·科顿，他因为受害者的指认而成了强奸犯，在牢狱中消磨了 11 年的青春时光。后来，科顿终于通过 DNA 检测为自己洗刷了罪名。

1984 年，一个名叫珍妮弗·汤普森的女大学生在家中被破门而入的男子强奸。珍妮弗并没有极力抵抗，而是牢牢记住罪犯的相貌，以便事后去报案，让警察根据她对这个男子相貌的详细描述尽快将其缉拿归案。

警方根据珍妮弗的描绘，很快就抓捕了嫌疑人，并让珍妮弗辨认。珍妮弗坚持认定科顿就是强奸她的人，而科顿又没有案发时间不在场的证据。最终，科顿以强奸犯的身份被投入监狱。进入监狱后，科顿并没有放弃为自己申诉。一个偶然的机会，科顿得知一个新名词，即 DNA 检测。于是，科顿很快就给他的律师兼法学教授里奇·罗森写信，希望可以为自己申请到一个做 DAN 检测的机会。

后来，警方取出尘封十年之久的证据，其中一份证据中有精子的遗留，上面有完整的 DNA。检测结果表明，科顿并不是真正的罪犯，他是无辜的。

❖ 越来越大的正方形——发现学习实验

布鲁纳是美国哈佛大学心理学教授，他设计过一个发现学习的教学实验。布鲁纳实验的目的在于引导 8 岁的儿童发现二次方程式的因式分解规律。

在实验开始后，布鲁纳首先让儿童玩熟悉且表示数量的积木块：大正方形（X×X）、长方形（1×X）、小正方形（1×1）。这是一个获得知觉经验的过程。

然后，儿童会在老师的提问和引导下，按照要求搭成一个比一个大的正方形，这是一个需要不断进行各种探究、操作、记录并对照的过程。

在这个过程中，儿童会逐渐掌握以下的重要规律：

$X \times X+2 \times X+1=(X+1)(X+1)$

$X \times X+4 \times X+4=(X+2)(X+2)$

$X \times X+6 \times X+9=(X+3)(X+3)$

$X \times X+8 \times X+16=(X+4)(X+4)$

$X \times X+10 \times X+25=(X+5)(X+5)$

当 X 以 2，4，6，8，10……的比例递进，另一行的增加是 1，4，9，16，25……时，则方程右边的数字是以 1，2，3，4，5……递进。

延伸阅读

布鲁纳是世界著名的心理学家与教育家，主要从事认知与发展心理学的研究。布鲁纳提出“发现学习”的认知模式和理论，所谓发现学习就是指学习者通过独立学习、独立思考的方式，自行发现知识并掌握原理原则。也就是说，学习者所学习的知识是自己发现的。

发现不同于发明。例如，在化学实验室内，学习者可能会发现一条有关化学知识的原理，而这个原理早就被职业化学家所熟知。由于这个原理事先没有人告诉过学习者，而学习者也没有从书本上看到过，这条原理就属于学习者的发现。而且，这条原理是学习者通过自己的努力所发现的，所以要比学习者学习别人的发现理解得更深刻，记忆得更牢固。

布鲁纳的这个“发现学习”原理是吸取德国格式塔心理学理论和瑞士皮亚杰的发展心理学学说而形成的。

❖ 音乐能提高智商——莫扎特效应实验

1993 年，加利福尼亚大学教授戈登·肖进行了一项实验。在实验中，戈登·肖让被试听完莫扎特的《双钢琴奏鸣曲》之后马上进行一个有关空间推理的测验。结果发现，被试的空间推理能力明显提高。戈登·肖把这种现象称为“莫扎特效应”，即当听完一首莫扎特的曲子，大脑的活力将会增强，思维会变得更敏捷，莫扎特的音乐甚至可以缓解癫痫病人等患有神经障碍病人的病情。研究证明，在 IQ 测试中，听了莫扎特音乐的被试的得分明显高于其他被试。

除此之外，戈登·肖还进一步用一些反复性极高的音乐来做实验，如菲利普·葛拉斯的极简主义音乐和那些迷幻摇滚舞曲，结果发现这项实验中的被试的空间推理能力并不像听莫扎特的《双钢琴奏鸣曲》提高的那样多。

后来，戈登·肖还对小学生进行了类似的实验，一组小学生在进行钢琴训练后玩一个有关比例和分数的数学电子游戏，而另一组小学生则在经过英语训练后再玩数学电子游戏。结果发现，那些进行钢琴训练的小学生的游戏成绩比进行英语训练的小学生的游戏成绩高出 15%。

研究人员还发现，音乐不仅会提高小学生分数、百分比运算能力、空间—时间推理能力，还能对小学生的阅读理解、语言记忆等心理能力产生重要的影响。

后来又有人对 3 岁的孩子施以音乐训练，结果发现这种音乐训练可以增强孩子们在非语言方面的辨认能力。

音乐的确有十分神奇的力量。科学家们发现，当人们听欧洲 18 世纪巴洛克风格的音乐时，其心跳、脑电波、脉搏等会和音乐的节奏同步，变得舒缓、和谐起来。此外，血压也会相应地下降，整个人会感觉到轻松和舒畅。

科学家还通过实验证明，一个人经常聆听巴洛克风格的音乐会有益于他的身心健康。此外，巴洛克风格的音乐还会对一些心因性疾病，如高血压、失眠、糖尿病等，有很好的预防和舒缓作用。

一些科学家认为，音乐欣赏需要一定的空间知觉和空间推理能力，而这些是数学能力的重要组成部分。此外，音乐欣赏还能强化人脑中潜在的神经结构，从而有利于提高人的数学能力，就好像一个人进行肌肉训练可以加强他的运动能力一样。而另一些科学家认为，音乐欣赏与我们的右脑活动相关联，如果加强音乐训练，可以促进右脑的活动，进而提高工作效率。

除此之外，音乐还有许多人们意想不到的神奇效果。医生们在临床中常常会发现，患有帕金森综合征的患者平时的反应和行动都十分迟缓，但是在听音乐或是在头脑中想象音乐时会神奇地恢复一些功能，行动和反应变得敏捷起来。而音乐一停止，他们就又变成原来的样子。

延伸阅读

心理学家西格对莫扎特效应提出怀疑，并用不同的空间推理能力实验来进行检验。在实验中，西格让被试看着两个不同位置的 E，其中一个字母被旋转成倾斜的角度，与另一个相比，倾斜的角度越大，就越难在极短的时间内判断出字母的异同。

西格会根据判断字母异同的时间长短（毫秒）来确定被试的空间推理能力。结果发现，听莫扎特音乐的测试组成绩更好。

值得注意的是，在所有空间推理能力测试中，为了保证一致性，西格都采用莫扎特的D大调钢琴奏鸣曲。这样就会出现一个新的问题，其他音乐家的作品能不能用来做实验？

伊利诺伊大学医疗中心神经生物学家胡格与音乐教授的研究解答了这个疑问。胡格设定一个标准，计算音乐的音量在10秒钟或是更长时间内的起落频率。

在这个研究中，胡格发现流行音乐和其他音乐的得分最低，而莫扎特的音乐作品得分要高出两三倍。此外，胡格认为，20至30秒的重复频率会对大脑产生十分明显的影响。这是因为我们大脑中枢神经的许多功能就是以30秒左右的频率运行的，而莫扎特的音乐作品的韵律差不多每30秒就会达到高峰。

很多专家认为啮齿动物喜欢古典音乐。例如，有的科学家通过实验发现，莫扎特的音乐会在啮齿动物身上起作用，能够改变老鼠的表现，让老鼠的行为变得混乱起来，且老鼠体内出现了生物化学变化。

有的科学家在老鼠处于胚胎发育期、距出生日期60天的时候就开始实验，结果发现，那些听莫扎特音乐的幼鼠比听轻音乐的幼鼠成长更快，并且在成长过程中患病的概率也比较小。

但是也有人提出异议，认为莫扎特的音乐根本没有那么神奇的力量。例如，老鼠基本上都是聋子，而且莫扎特音乐的音频对老鼠来说太低了，它们根本听不到，不会被影响。

❖ 罗森塔尔的谎言——教师期望效应实验

教师期望效应实验是教育学和心理学领域一个十分著名的实验，这个实验也被称为“罗森塔尔效应实验”。这是因为，这个实验是由美国著名心理学家罗森塔尔设计完成的。

1966 年，罗森塔尔提出这样一个问题，研究变态心理学的人可能因为自身存在的一些问题把研究结果“污染”了。为了验证这一猜想，罗森塔尔设计了一些实验，实验的目的就是验证实验者的偏见能否影响到研究的结果。

首先，罗森塔尔会让大学生用两组小白鼠做实验，并告诉大学生：“这两组小白鼠的品种不一样，一组小白鼠十分聪明，另一组小白鼠十分愚笨。”当然，这只是罗森塔尔的谎言而已。事实上，这两组小白鼠并没有太大的差异，属于同一品种。但是参加实验的大学生却十分信任罗森塔尔，毕竟罗森塔尔是哈佛大学的心理学教授，具有绝对的权威。而罗森塔尔认为，由于大学生们相信他的谎言，实验的结果肯定不一样。

大学生让这两组小白鼠学习走迷宫，看看哪一组小白鼠学习得更快。结果，大学生发现，那组“聪明”的小白鼠明显比“愚笨”的小白鼠要学习得快，因为“聪明”的小白鼠总能够先走出迷宫并找到食物。

罗森塔尔认为，之所以会出现这种现象，是因为在实验的过程中，大学生对那组“聪明”小白鼠的态度是友善和蔼的，而对待“愚笨”小白鼠的态度则是粗暴的。正是因为这两种截然相反的态度，才出现了让人匪夷所思的实验结果。

罗森塔尔认为这种现象不仅会出现在动物身上，也会出现在人类的身上，所以他很快设计了另一项实验。不久后，罗森塔尔和他的助手们来到加州的一所普通中学。在这里，罗森塔尔要求老师对他们所教的学生进行智力测验，而罗森塔尔会把测验的结果告诉老师。例如，罗森塔尔会对老师们说："你班上有些学生属于大器晚成的人。"然后，罗森塔尔会把这些学生的名字念给老师听。当然，这也是罗森塔尔的谎言。而大器晚成的学生名单也是罗森塔尔随机挑选的，这些学生与班上其他学生并没有显著的不同。但是，那些老师十分相信罗森塔尔的话。

罗森塔尔认为，这些被列入大器晚成名单的学生近期的学习成绩可能会得到改善。罗森塔尔向老师们宣布大器晚成的学生名单后就消失了，再也没有和学生接触过，而老师们也没有再提起这件事情。

这项实验从一个新学期开始进行，直到学期末，罗森塔尔重新出现在这所学校内，并再次对这些学生进行智力检测。结果发现，那些在大器晚成名单上的学生的成绩明显比第一次测验结果优秀。

为什么会出现这种现象？罗森塔尔的解释是，老师自从得知这些学生会大器晚成以后，就开始给予他们特别的照顾与关怀，老师的这种期待可以让学生崭露头角并且提高成绩。教师对学生的期待往往具有神奇的力量。

那么，老师为什么会对特定的学生出现期待？这种现象从心理学的角度解释，就是因为在人们的头脑中事先存在着一种定式。这种定式可以认为是一种心向，具体是指某一刺激发生反应以前，就已经存在某种意向。例如，当你听说某人对自己很不满意时，那么在你与这个人相见时，即使他没有冒犯你，你依然看他不顺眼。如果你听说这个人喜欢挑别人说话的毛病，那么在与他交流的时候，你会不自觉地注意自己说话的内容。之所以会出现这种现象，是因为在你的头脑中存在一种定式，正是因为定式的存在，你才会出现不同的反应，而这个反应与你平时的表现并不一样。

老师对罗森塔尔的话存在一种定式。罗森塔尔是心理学界的权威，在这些老师心中的地位是很高的，所以他们对罗森塔尔所说的话自然深信不疑。因此，当罗森塔尔指出某些学生是大器晚成的人才时，老师们就开始对这些学生产生积极的期望，并用对待聪明学生的态度去对待他们。因为老师对自己的期望，学生们也开始觉得自己是聪明的、优秀的，自信心得到提高，并按照聪明学生的标准去努力，最终成了学习成绩优秀的学生。

罗森塔尔根据这些实验结果提出相应的心理学理论，也就是所谓的罗森塔尔效应，具体是指，人们基于对某种情境的知觉而形成的期望或预言，会使该情境产生适应这一期望或预言的现象。简单来说就是，你期望什么就会得到什么，你所得到的就是你所期待的。只要你充满信心地去期待，那么就有可能真的发生。

延伸阅读

罗森塔尔效应也被称为“皮格马利翁效应”，之所以会有这种称谓，源于一则古希腊神话故事。塞浦路斯的国王皮格马利翁是一个著名的雕塑家。一次，皮格马利翁用一根象牙精心雕塑出一位美丽可爱的少女。皮格马利翁渐渐地爱上了这尊少女雕像，并给雕像取名为盖拉蒂。皮格马利翁觉得这段爱情给自己带来了痛苦，因为雕塑不会给他任何回应，为了不再忍受单相思的痛苦，皮格马利翁带着丰盛的祭品向神求助，希望神能够给他恩赐，赐予他如雕像般美丽的女子。

皮格马利翁的祈祷感动了神，于是神赐予那座雕像以生命。就这样，皮格马利翁再也不用忍受相思的痛苦，获得了一位美丽的妻子。因此，人们通过这个古希腊神话故事总结出一条规律，即期待和赞美能够产生奇迹。

❖ 注意力的选择——注意过滤器模型实验

人们常常说不能三心二意，事实上人们往往很难做到三心二意。例如，让一个人同时左手画圆、右手画方，这个任务虽然看似简单，实际上却很少有人能够做到。这是因为注意力的基本功能就是选择，如当我们的耳朵同时听到不同的声音刺激时，注意力通常会选择其中一种声音刺激进行加工，而忽略其他的声音刺激。

关于我们的注意力是如何实现“选择”这个基本功能的，许多心理学家都提出了自己的见解，其中比较著名的理论是注意过滤器模型。这个理论是由心理学家唐纳德·布罗德本特提出的。

布罗德本特认为，注意选择功能就好像一个过滤器一样，我们同时注意到的信息由于受到加工容量的制约，而不得不过滤掉一些。也就是说，没有被我们注意力选择的信息是不可能进入认知的。

一个人也可能同时注意到两种信息，但是必须在特定条件下才可以实现，即这种信息的含量很少或者呈现的速度非常缓慢。有时候，我们的注意力就好像一道闸门一样，当我们所接受的信息超过认知加工的容量时，就会自动阻断一部分信息进入认知加工领域，同时放行一部分信息进入认知加工系统。

布罗德本特为了验证注意过滤器模型理论，专门设计了一项实验。在这项实验中，布罗德本特采取一种叫作“分听任务”的实验模式。

在实验中，布罗德本特会让被试戴上耳机，通过耳机的形式接受声音刺激。当然，被试左耳与右耳所接受的声音刺激是不同的，两边耳机中会播放不同的两段话。布罗德本特会要求被试注意其中一只耳朵中的声音信息，这只耳朵就称为“注意耳”；另一只耳朵里所听到的声音信息不要去注意，这只耳朵被称为“非注意耳”。

布罗德本特还利用分听任务设计了一些其他实验，用来证明自己的理论。在其中一个实验中，布罗德本特采用两种不同的呈现刺激的方式。第一种方式是我们习惯的接受声音刺激的方式，即两只耳朵同时听到相同的数字串，如两只耳朵同时听到“53820”这样的数字串。另一种方式就是分听任务，即两只耳朵会同时听到不同的数字串，如左耳听到

“17856”，右耳听到“85694”。

布罗德本特把被试分为两个小组。第一组被试以第一种方式听5组数字串，长度均为6个数字；然后以分听的方式听10组数字串，长度均为6个数字。最后，布罗德本特要求被试可以采取任何顺序记录下所听到的数字串。

布罗德本特安排第二组被试以分听的方式听24组数字串，并要求他们按照听到数字的时间顺序进行记录。在这项实验中，布罗德本特没有要求被试在采用分听方式时只注意其中一只耳朵听到的声音，也就是说，没有“注意耳”与“非注意耳”之分。

实验结果是，第一组被试是按照任意顺序记录的方式，在以第一种方式听数字串时所记录下的数字正确率最高，高达93%。当以分听方式听数字并记录时正确率急速下降，正确率降低到65%。第二组被试被要求按照时间顺序记录所听到的数字，而且采用分听的方式，所以记录下数字的正确率很低，只有20%的正确率。

布罗德本特对这项实验结果的解释是，第一组被试由于不需要按照时间顺序进行记录，注意力不需要频繁转移，也就是过滤器的“闸门”不需要进行多次的摆动，所以正确率较高。而第二组被试需要按照时间顺序进行记录，这样一来就需要同时注意左耳与右耳中的数字，过滤器的“闸门”就需要进行频繁的转移，注意力被转移走了，所记录数字的正确率自然就很低。

延伸阅读

唐纳德·布罗德本特是英国著名实验心理学家，曾经就读于剑桥大学。当学术界开始应用数字计算机的时候，布罗德本特首先把计算机原理推广到人类的认知活动上，并且发展了选择性注意和短时记忆的理论。

第七章

事实→认知→情绪
——情绪认知经典实验

❖ 什么样的人让我们嫉妒——嫉妒实验

嫉妒是一种负面情绪，几乎所有人都不愿意承认自己的嫉妒，并把嫉妒之心深深地隐藏起来。嫉妒不仅会给无辜的人带来危害，也会给当事人带来极大的精神痛苦。可以说，嫉妒是一种损人不利己的情绪。

日本的研究人员专门针对嫉妒情绪进行了一个十分有趣的实验。实验者找来 19 名被试，并让被试阅读事先准备好的一则故事。在这则故事中，被试被实验者设计成故事的主人公。除此之外，实验者还在故事中增添了其他三个人物，这三个人物被简称为 A、B、C。

在设计好的故事中，人物 A 与主人公的性别、人生经历和目标基本相同，但是人物 A 的学习成绩和家境比主人公要优越得多，而且人物 A 十分受异性的欢迎；人物 B 虽然也比主人公要优秀，但是和主人公的性别与人生目标不一样；人物 C 对主人公来说是一个完全不相干的人物，两者之间没有任何交集，性别不同，人生道路和目标也不同。当然，最重要的是，人物 C 的学习成绩和家境都很普通，和主人公差不多。

等被试读完这则故事后，实验者会告诉被试："接下来，你们的任务就是把自己对这三个人物的嫉妒程度按照从高到低的顺序做出一个排列。"

结果发现，这 19 名被试对人物 A、B、C 的嫉妒程度是逐渐递减的。

也就是说，被试最嫉妒人物A。这是因为人物A不仅学习成绩和家境都比主人公优越，而且两人的人生目标也基本一致，这样两者之间就形成竞争的关系，也因此出现了嫉妒的情绪。

此外，实验者还用功能磁共振成像仪测定被试脑部血流的变化。测试的结果是，当人物A出现的时候，被试的大脑前扣带回皮层变得十分活跃。人物B和C的出现，都不如人物A出现时表现得活跃。这一测试结果说明，人的嫉妒之情与大脑中的前扣带回皮层有着十分密切的联系，而前扣带回皮层同时也是人类大脑中处理身体疼痛的位置。

这个实验说明，我们往往会对那些与我们之间存在竞争关系且比自己优秀的人产生嫉妒。尤其是竞争关系的存在，如果没有竞争，那么很难形成嫉妒。

延伸阅读

除此之外，实验者还设计了一个幸灾乐祸的实验。这是因为实验者认为，幸灾乐祸与嫉妒之间的关系十分密切。例如，当你嫉妒的人遭遇不幸的时候，大多数人都会出现幸灾乐祸的心理。

在幸灾乐祸的实验中，实验者依然选择嫉妒实验中那19名被试。实验的过程基本一致。唯一不同的是，被试所读到的故事内容出现了一些变化。

在这则被设计好的故事中，主人公会看到人物A、B、C所发生的不幸。然后实验者让被试根据自己对这三个人物幸灾乐祸的程度按照从高到低的顺序做出一个排列。结果发现，被试幸灾乐祸的心理出现了递减的趋势。也就是说，当人物A出现不幸时，被试幸灾乐祸的情绪最为强烈。

此外，实验者还用功能磁共振成像仪测定被试脑部血流的变化。测试的结果是，被试的脑部血流变化同样出现递减的趋势。也就是说，当人物A出现不幸的时候，被试的大脑纹状体就会变得十分活跃，而人物B和C的不幸引起的变化都没有A活跃。

这说明，大脑的纹状体是幸灾乐祸心理的“基地”。而大脑纹状体是产生快乐的位置，如当人们得到物质报酬或是积极的社会评价时，纹状体都会表现得十分活跃。

在大多数人的印象中，嫉妒这个词语是有性别之分的，因为人们往往觉得女人更容易出现嫉妒的情绪。所以“嫉”“妒”这两个汉字都是“女”字偏旁。

女人之所以善妒是有一定的生理原因的，这点英国科学家已经通过研究证明。在研究中，英国科学家发现，女性的嫉妒与其生理周期有着直接的联系。通常情况下，女性在每个月的排卵期内最容易出现嫉妒的情绪，且这种情绪会随着女性排卵期的结束而逐渐减退。

❖ 有毒的消极情绪——情绪气水实验

美国著名生物学家爱尔玛为了研究人类情绪状态对身体健康状况的影响程度，专门设计了一个实验。爱尔玛把许多玻璃试管插进 0℃的冰水混合物的容器内，然后分别向这些玻璃试管中注入人们在不同情绪状态下所产生的水气。这里的“水气”是指，当人们在悲伤、悔恨、气愤等一系列消极情绪的影响下呼出的气体和人们在平静或愉快等一系列积极情绪影响下呼出的气体。

爱尔玛的这项情绪气水实验实际上是一个对比实验，其目的是对比消极情绪和积极情绪对人产生的影响。

实验的结果是，当把人们在悲伤、悔恨、气愤等一系列消极情绪影响下呼出的水气加入玻璃试管后，这些水气因为遇冷很快凝结成水，爱尔玛注意到，这时玻璃试管中水的颜色是混浊的，多带白色沉淀物。当爱尔玛把人们在平静或愉快等一系列积极情绪影响下呼出的水气注入玻璃试管后，这些水气凝结成的水的颜色与消极情绪水气所凝结成的水的颜色完全不一样，积极情绪的水气所凝结成的水更加澄清透明，而且没有任何杂质。

虽然积极情绪和消极情绪水气形成的水的颜色不同，但是具体对人体有没有危害还需要进一步证明。因此，爱尔玛把这些水分别喂给不同的小白鼠。结果发现，那些喝了透明水的小白鼠依然健康地活着；但是喝了有白色混浊物的水的小白鼠在几天之后不幸死亡。这个实验结果说明，消极情绪对人体的危害很大，会影响人的身体健康。

美国的心理学家也设计了一个与爱尔玛相似的实验。这些心理学家把正处于愤怒状态的人的血液抽取出来，并注入小白鼠的体内，然后观察小白鼠的状态。

这些小白鼠比爱尔玛实验中的小白鼠要幸运得多，并没有马上死亡，但是那些血液还是影响到小白鼠接下来的生活。被注入生气者的血液后，小白鼠的情绪明显变得抑郁起来。心理学家注意到，这些小白鼠的目光比以前呆滞，而且没有食欲。过了一段时间，这些小白鼠也难逃厄运地死去了。根据这项实验的结果，我们可以知道，一个人在愤怒的情绪状态下，身体会产生许多毒素，而这些毒素会给人们的身体健康造成极大的危害。

根据相关研究，如果一个人让自己的愤怒情绪保持超过十分钟，那么这个人就会感觉到自己的能量和精力被消耗了不少，所消耗的能量不亚于参加一次 3000 米长跑比赛。但是，参加 3000 米的长跑比赛有利于人的身体健康，而生气却会给健康带来危害。

愤怒是一种反应十分强烈的消极情绪。注意观察就会发现，一个人可以隐藏自己的悲伤或是嫉妒等情绪，但是却很难掩盖愤怒的情绪。而且一个人在生气的时候，尤其是盛怒状态中，他的面部表情马上会出现明显的变化。此外，人在生气时所产生的分泌物也比其他情绪所产生的分泌物要复杂得多，并且含有大量毒素。

除愤怒的消极情绪外，其他消极情绪也会对人们的身体健康造成危害。古代阿拉伯学者阿维林纳曾经用两只羊做过实验。实验的结果表明，消极情绪除了会影响身体健康，还会危害寿命。

阿维林纳喂养了两只羊，他给两只羊提供的食物是一样的，唯一不同的是羊的生存环境。其中一只羊被放在距离狼笼子很近的地方喂养，这只羊不知道由于笼子的存在，狼并不会危害它的生命，所以每天都生活在恐惧之中。另一只羊比较幸运，它被阿维林纳安排在一个没有生命危险的环境中，这里没有狼的存在，所以这只羊生活得安逸又无忧无虑，每天都有食物，而且不必担心狼会把自己吃掉。

一段时间后，阿维林纳观察到那只距离狼很近的羊不仅情绪很低落，而且长得十分瘦弱，而那只幸运的羊却长得健美多了。没多久，那只距离狼很近的羊居然悄无声息地死了，而另一只却健康快乐地活着。

延伸阅读

消极的情绪不仅会危害当事人的身心健康，还会给周围的人带来伤害，以下这个故事就有力地证明了这一点。

有一个小男孩，他的脾气十分暴躁，每当觉得别人惹到他的时候，就忍不住对周围的人发火。因此，小男孩的朋友越来越少，因为大家都无法忍受他的坏脾气。

小男孩的父亲知道这种情况后，就想到一个能帮助小男孩改掉乱发脾气的好办法。一天，父亲告诉小男孩："以后每当你想要发脾气的时候，就把一根钉子钉在这个木桩上，这样你就能管住自己的坏情绪了。"

在父亲的建议下，小男孩第一天在木桩上钉上 40 根钉子。小男孩发现，每当自己钉完钉子后，就没有那么生气了。渐渐地，小男孩学会如何控制自己的坏脾气，木桩上的钉子也不再增加。

后来，小男孩的父亲对他说："你现在已经学会如何控制自己的情绪。

从今以后，你不用再钉钉子了。你需要学着在不借助外力的情况下控制自己的坏脾气，每成功一次，你就从木桩上拔下一根钉子。当你把所有的钉子都拔完了，再来找我。”

小男孩按照父亲的建议去做，渐渐地，他把木桩上所有的钉子都拔完了。当拔下最后一根钉子后，小男孩兴奋地去找父亲。

父亲把小男孩带到木桩前，语重心长地对他说：“好孩子，你表现得不错。但是你看看这个木桩，与你钉钉子之前还一样吗？这个木桩上坑坑洼洼的洞都是你发脾气钉钉子时留下的。你向周围人发脾气的后果就像这个木桩上的伤痕一样。虽然每当你发完脾气后都会向对方道歉，但是你给对方带来的伤害并不会就此消失。如果你想有更多的朋友，就必须学会控制自己的脾气。否则，你会变得越来越孤独。”

❖ 肾上腺素的作用——情绪的认知、激活实验

20世纪60年代，美国心理学家沙赫特和辛格进行了一项实验研究，企图证明情绪产生的原因。沙赫特与辛格认为，对于特定的情绪体验而言，有两个因素是必不可少的：第一个因素是个体必须有高度生理唤醒的体验，如心跳加速、手心出汗、呼吸急促、胃部收缩等。第二个因素是个体必须对生理状态的变化进行认知性的唤醒。为了验证这一理论，沙赫特与辛格决定用实验来证明。

沙赫特和辛格把被试随机分为三个小组，并给所有被试注射同一种药物——肾上腺素，这是一种能对人的情绪产生广泛影响的激素，肾上腺素的注入会使被试处于一种典型的生理激活状态。但是沙赫特和辛格对被试撒了谎，他们告诉被试，注入他们体内的药物只是维生素。而实验的目的是研究某种维生素对视觉可能产生的作用。

然后，沙赫特和辛格会向三组被试说明注射药物后可能会出现的反应，并且给出不同的解释。沙赫特和辛格告诉第一组被试："注射这种药物后，会出现心悸、手脚颤抖和脸发烧的现象。"这是注入肾上腺素后的正常反应。沙赫特和辛格对第二组被试说："注射药物后，你会感觉到身体发抖、手脚有点儿发麻，但是除此之外不会有任何其他感受。"对于第三组被试，沙赫特和辛格什么也没有说。

接下来，沙赫特和辛格会把注射药物后的三组被试各分一半，分别安排在事先设计好的不同环境中休息：一种环境是让人产生积极情绪的愉快环境，这里有人在表演让人捧腹大笑的滑稽动作；一种环境是让人产生愤怒情绪的消极环境，被试会被人强迫回答烦琐的问题，并且对方还是强词夺理的人，总是对被试施以指责。

实验结果是，第二组和第三组被试在愉快的环境中出现了积极的情绪，而在消极的环境中显示出愤怒的情绪。但是第一组被试则没有愉快或愤怒的情绪。这个结果证明，人对生理反应的认知将决定最后的情绪状态。

如果人的情绪是因为内部刺激所引起的生理激活状态而产生的，那么三组被试都被注入肾上腺素，所出现的生理反应是相同的，应该会出现相同的情绪体验，但是实验中并未出现这种现象。

如果人们的情绪是因为外界环境的刺激所引起的，那么不论是哪组被试，只要一进入愉快的环境就应该出现快乐的情绪，而一进入消极的环境就应该出现愤怒的情绪。然而在实验中，第一组被试不论是在消极的环境中还是在愉快的环境中，都没有出现相应的情绪体验。

沙赫特和辛格的实验结果证明了情绪产生的原因，人的情绪状态是认知过程、生理状态和环境因素在大脑皮层中整合的结果。

外界环境中产生的刺激会通过我们的感觉器官传递到大脑中，这样一来我们的大脑就接收到外界的信息；而认知过程则是当事人对过去经验的回忆再现和对目前情景的观察；生理因素是通过内部器官和骨骼肌的活动向大脑传递生理变化的信息。

延伸阅读

每个人都有情绪，那么我们的情绪到底是怎么产生的呢？是因为外界的刺激还是内在生理的变化？早在19世纪80年代的时候，美国心理学家詹姆斯和丹麦生理学家兰格就提出情绪理论。他们认为，情绪是对机体变化的知觉，机体的生理变化可以引起情绪体验。也就是说，个体的情绪是生理变化所引起的。

按照詹姆斯—兰格理论，情绪的出现必须先有引起知觉的刺激，然后这个刺激会使个体的内脏和骨骼肌出现反应，而这种生理反应会传达给大脑，从而出现所谓的情绪体验。

针对这个理论，詹姆斯解释道："知觉之后，情绪之前，必须先有身体上的表现发生。也就是说，我们是因为哭泣而发愁，因为动手打人才会出现生气的情绪体验，因为发抖的生理反应才出现了恐惧。"

而心理学家坎农并不认同詹姆斯和兰格的理论，他认为情绪的出现是由于大脑皮层解除丘脑抑制的综合功能。也就是说，激发情绪的刺激由丘脑进行加工，同时把信息传递到大脑和机体的其他部分。坎农认为，身体变化与情绪体验是同时进行的，我们的情绪是大脑皮层和自主神经系统共同作用的结果。虽然坎农和詹姆斯、兰格对于情绪研究做出贡献，但是他们的情绪理论都是不完整的，都忽视了大脑皮层和周围环境对情绪产生的作用。

❖ 近在眼前的天敌——应激实验

1958年，心理学家布拉迪做了一个关于应激反应的实验，被称为"执行猴实验"。布拉迪把猴子们划分为两个小组，并且给这两组猴子设计了电击，目的是考察溃疡形成与应激之间的联系。

在实验中，每次都有两只猴子接受电击。但是其中一只猴子（执行猴）可以通过按杠杆来避免自己和匹配猴被电击；而另一只猴子（非执行猴，即匹配猴）就比较不幸，不论它怎么做，都必须被动地接受电击，或者接受执行猴按压杠杆以结束电击。

这两只猴子所接受的电击是一样的，也就是说，它们所体验到的生理感觉是一样的。但是两只猴子的心理状态却不一样，执行猴可以主动逃避被电击，而匹配猴则不能。这样，布拉迪就可以比较到底是生理上的紧张还是心理上的紧张导致溃疡的出现。

实验结果表明，执行猴身上出现了溃疡，而匹配猴身上则没有。这说明，电击所导致的生理上的紧张并不会让猴子出现溃疡，而那只执行猴随时都处于一种心理警觉和决策焦虑的情绪反应中，正是因为这种应激体验，才导致执行猴身上出现了溃疡。布拉迪用这项实验证明，应激确实会对身体机能产生危害。

提出习得性无助理论的行为主义心理学家塞利格曼曾经用狗做过应激实验。塞利格曼选择 24 只混血狗作为实验的对象，并把它们随机地分成三个小组，即逃避组、非逃避组和无强制组。

实验开始后，逃避组和非逃避组的狗都被铁架拴住，同时两组狗一一配对。在每一组配对中，逃避组狗的头前方两侧各有一个面板，狗可以用头去触压左侧或右侧的面板。当出现电击后，逃避组的狗不论是用头触压左侧还是右侧的面板，都可以停止电击。非逃避组狗的头前方两侧也各有一个面板，但是它们触压面板时不能终止电击。非逃避组的狗想要不被电击，只能等待逃避组的狗主动解除电击。也就是说，只有逃避组的狗才能终止被电击的感觉。而无强制组的狗就比较幸运，因为它们在实验的过程中不用接受电击。

逃避组和非逃避组的狗每隔 90 秒就会被电击一次，一共需要接受 64 次电击。为了避免被电击的痛苦，逃避组的狗很快就学会触压面板以解除电击。

24小时之后，不论逃避组还是非逃避组的狗，甚至连幸运的无强制组的狗都会被塞利格曼放进一个封闭的箱子中接受测试。

这个箱子是塞利格曼特意设计的，箱子的两边都有灯泡，当一边的灯泡熄灭以后，狗必须在10秒内跳过中间的栏杆到另一边，否则就要接受电击，而且被电击的时间会维持60秒，是非常痛苦的体验。

在这24只混血狗中，每只狗都需要接受10次测试。而塞利格曼的任务就是记录每只狗从灯光熄灭到跳到栏杆另一边躲避电击的时间，然后统计出每只狗所需要的平均时间。此外，塞利格曼还需要记录下逃避组、非逃避组和无强制组中没有学会逃避电击的狗的数量，并计算出比例。

塞利格曼经过统计发现，非逃避组的狗逃避电击所需要的平均时间明显要比逃避组和无强制组长。而且，每组中没有学会逃避电击的狗的比例，仍然是非逃避组明显高于逃避组和无强制组。

逃避组的狗在被拴住接受电击时，学会了主动终止电击，并认为主动的行为与终止电击之间存在着联系，所以在封闭箱中接受测验时，能主动逃避电击。而非逃避组的狗在被拴住接受电击时，学会的是被动接受电击，并认为主动行为与终止电击之间没有联系，所以在封闭箱中接受测试时出现无逃避的行为。

延伸阅读

对于大多数人来说，应激是一种令人不愉快且消极的情绪体验。但是从严格意义上讲，应激是情绪体验的极端形式，没有消极或积极之分。极端的恐惧、悲伤、愤怒乃至快乐都可能会出现应激。

人们之所以常常把应激与消极的情绪体验联系在一起，是因为应激往往与疾病有关。这一点已经得到心理学界和医学界的共同证明。心理学家霍尔姆斯和瑞赫为了研究应激和疾病以及人的身心健康之间的关系，专门设计了一个实验。

霍尔姆斯和瑞赫根据自己的临床经验，编制了一个由43项生活事件组成的量表，这些事件一般都可以让人们达到应激的状态，因为当人们面对这些事件时，都需要做出心理调整来予以适应。在这43项生活应激事件中，并不全是消极的，也有积极的，如结婚、圣诞节、休假等。这些事件同样属于应激事件，会使人们出现应激的心理状态，并且需要人们在心理上做出一定的调整，以达到适应的状态。

霍尔姆斯和瑞赫把这个量表发给394名被试，然后对被试说："你们需要给量表上列出的每一项应激事件打分。在打分的时候请注意，你们需要根据已有的经验作答。这些经验可以是你个人的经验，也可以是从他人那里获得的经验。在你们中间，有些人能比其他人更好地处理应激事件，从而适应周围的变化；而有的人只对特定的应激事件难以适应或是容易适应。所以，希望你们在给每项应激事件打分的时候，给出你认为适合这个应激事件的平均分数，尽量不要出现极端情况的打分。在这个量表中，我们已经给'结婚'赋予一个任意值500。所以，当你们在对其他生活应激事件进行评估的时候，请在心里问一问自己：'这件事情所需要做出的调整是比'结婚'多还是少，做出调整所需要花费的时间是更长还是更短？'当你想过这些问题后，再做出评分。"

由此，在被试给这43项生活应激事件做出评分的时候，是需要以"结婚"为参照的。如果被试觉得某项生活应激事件比"结婚"需要更多的心理调整时间，那么给出的分值应该比500分高。相反，如果被试觉得某项生活应激事件比"结婚"需要更少的心理调整时间，那么给出的分值应该比500分低。

最后，霍尔姆斯和瑞赫会把这些调查问卷收回来，并进行统计。统计的结果显示，在这43项应激事件中，"配偶的死亡"被认为是应激程度最高的事件，而"轻微触犯法律"则被认为是应激程度最低的事件。

❖ 诚实的人如何面对谎言——认知失调实验

1959年，心理学家费斯廷格与梅瑞尔·卡尔·史密斯一起进行了一项实验，这项实验被认为是有关认知失调最著名的实验。实验的被试是一批志愿大学生。

首先，实验者要求被试做两项极端无聊和烦琐的工作。被试被带到一个大木桶和二十几个碟子面前，实验者告诉被试，他们需要把这些碟子放进大木桶中进行简单的清洗，之后再把碟子一个个拿出来，然后再一个个放进木桶中。这样简单的拿进去与取出来的动作需要不断地进行重复，直到半个小时后，他们才会被安排去做另一项工作。

另一项工作的性质与第一项工作的性质一样，都会令人感到厌烦。首先被试会看到一个计分板上有48颗钉子。然后，实验者告诉被试任务，把计分板上的每一颗钉子按照顺时针的方向转动1/4圈，然后再逆时针转动1/4圈。计分板上的48颗钉子必须轮流转动，不能出现任何遗漏的现象。这项工作也需要持续半个小时。

经过一个小时的折磨，被试已经被这两项烦琐的工作搞得厌烦不已。这时，实验者会告诉被试："实验已经结束，你可以自行离开。"

等被试准备离开的时候，实验者会对他说："这次实验的主要目的是观察一个人对某件工作是否有兴趣以及工作态度是否会影响到这个人完成这项工作的效率。所以，虽然你已经完成这两项工作，但是为了我们所设计的实验，你可不可以告诉其他人，这项工作十分有意思，你很喜欢。这样有利于我们的实验研究。"

听完实验者的话后，有的被试比较配合，会对下一个参加实验的被试说谎。但是也有被试不愿意说谎，他们觉得自己有义务把事情的真相告诉下一个被试。这时，实验者会劝解说："参加我们这项实验的一个非常重要的研究人员临时有事离开了，这让我们的实验很难继续进行下去，可是实验又不能因此而中断，所以我们需要你去说服另一个被试参加这项实验。"当被试听到实验者的诚恳请求后，一般都会配合实验者的工作，用谎言去欺骗下一个被试，说实验中所安排的两项工作十分有意思。

虽然这些被试为了配合实验者的工作而欺骗他人，但是他们并不是心安理得的，他们的内心处于一种矛盾状态之中。有的被试会对实验者说："那两项工作是那么枯燥、无聊，但是我却告诉其他人这两项工作十分有趣。我是一个不喜欢说谎的人，但是我却说谎了。"

费斯廷格和梅瑞尔把这种现象称为"认知失调"，即一个人的行为与自己一贯的自我认知产生了分歧，也就是说，行为与自我认知之间存在矛盾。在这项实验中，被试的自我认知是："我不是一个喜欢说谎的人，我要诚实地告诉下一个被试这项工作十分枯燥。"但是被试的行为却说起谎来，这个说谎的行为与自我认知是相反的，因此被试会出现内心的矛盾。

费斯廷格和梅瑞尔为了研究认知失调减少的现象还专门在实验中加入金钱的引诱，即如果被试配合他们说谎，就会获得一定的报酬。其中一组被试得到的金钱报酬是 20 美元，这在 1959 年是一笔不小的数目。而另一组被试得到的金钱报酬很少，只有 1 美元。

在实验结束后，费斯廷格和梅瑞尔对这两组获得不同金钱报酬的被试做了一个调查，以了解被试说谎时的心理状态。实验者发现，这些获得金钱报酬的被试与之前的被试的心态不同，因为他们并不认为自己在说谎，也没有矛盾的心理状态。

费斯廷格和梅瑞尔对这种现象的解释是，被试在说谎的时候改变了自己的认知失调，从而降低了认知失调的程度，因此才出现不会为自己的谎话而感到矛盾的现象。

这里所说的"改变认知失调"，实际上就是当事人改变自己的认知，如在实验中，被试的认知是："这两项工作真无聊，所以我一定实话实说，告诉下一个被试真实的情况。"但是由于费斯廷格和梅瑞尔的实验安排，被试不得不说谎。这种行为与他们的认知相互矛盾，所以被试会感到痛苦。为了避免这种痛苦的出现，被试会学着改变自己的认知，会告诉自己："那两项工作其实并不枯燥，所以我没有说谎。"这其实是一种自我欺骗的行为，可以改变自己的认知，从而降低认知失调的程度。有时候，认知失调的现象甚至会消失，被试也就不会因为认知失调而感到矛盾和痛苦。

此外，费斯廷格和梅瑞尔还认为，那些可以获得 20 美元报酬的被试说谎的概率以及对谎言的肯定性会比报酬为 1 美元的被试大。但是，实验的结果与费斯廷格和梅瑞尔所预想的正好相反。事实上，不论是获得 20 美元报酬还是获得 1 美元报酬的被试都说了谎，他们都告诉下一个被试："放碟子与转动钉子的工作很有意思。"

这个实验结果告诉我们，人们改变认知的行为与其得到的金钱报酬并无直接联系。如果说得到 20 美元报酬的被试说谎的理由是为了得到金钱的话，那么获得 1 美元报酬的被试出现说谎的现象就不是因为金钱。那是因为他们改变了自己的认知，降低了认知失调以及认知失调给自己带来的矛盾和痛苦。

延伸阅读

认知失调又被称为"认知不和谐"，具体是指当一个人的行为与当前的自我认知产生矛盾和分歧，尤其是之前的自我认知一般都是比较正面和积极的，就会出现不舒服和不愉快的情绪。最重要的是，认知失调可以影响一个人的情绪。

在每个人心中，都会对自己的形象有一个基本的认知，如我是一个善良的人等。而且，这种自我认知一般都是积极的、正面的，会得到其他人的尊重。通常情况下，人们都会按照内在认知的形象去要求自己的行为。例如，当一个人的内在认知形象为“我是一个善良的人”，那么这个人就会出现乐于助人的善良行为，伤害其他人的行为就不会出现。如果出现了，这个人就会产生矛盾和痛苦。因为他的行为与认知不一致，处于认知失调的状态。

每个人都需要在社会上生存，这就意味着每个人都可能会遇到客观现实无法改变的情况，不得不做出与自己认知相违背的行为，如不得不说谎。这时候，人们需要调整自己的认知失调状态，如此一来，就不会再感到痛苦。

如果人们不主动改变自我的内在认知，那么他会永远处于一种认知失调的状态，内心会因此而矛盾和痛苦。如果想要摆脱痛苦，就必须改变自己的内在认知，从而把认知失调的程度降低，乃至消失。这样，个体的自我认知与外在行为就会处于和谐统一的状态，也就没有所谓的矛盾与痛苦。或者用句通俗的话说，不要指望整个社会来适应你，而是要调整自己去适应社会。这个调整其实就是认知改变的过程。

❖ 概念是如何形成的——人工概念实验

概念是人类社会发展的产物，弄清楚概念的形成可以帮助心理学家研究人的思维过程。因此，心理学家开始对人工概念进行实验。概念是人们反映事物本质的一种思维形式，也是思维的基本模式。为了客观地研究概念的形成过程，不能利用日常生活中已经形成的概念，所以心理学家发明了人工概念。所谓人工概念，就是用于实验的人为制造的概念，主要运用于实验。

20世纪50年代，布鲁纳等人在前人的实验基础上提出概念形成的假设检验模型。这个模型理论认为，概念的形成过程是一个提出假设和检验假设的过程。为了验证自己的理论，布鲁纳设计了相应的实验。

布鲁纳给被试的实验材料是画有图形的81张卡片。这些图形的形状、颜色、数目以及边框数是构成每一张特定卡片的四个维度。每个维度又被分为三个水平，即各有三个属性。形状维度有十字架、圆形和方块三个属性；颜色有绿、黑、红三个属性；数目有1个、2个和3个三个属性；边框数有1条、2条和3条三个属性。

在这81张卡片中，每一张卡片都具有四个维度的其中一个属性。所以，每一张卡片都与其他任何卡片在一至四个维度上有区别。

在这81张卡片中，包含着大量的特定概念。如果被试首先规定一定的维度和一定的属性，如红色圆形，那么这些特有的属性就会形成人工概念。

在实验开始后，布鲁纳并不把某个人工概念告诉被试，而是对被试说："在这次实验中存在着一个特定的概念，这个概念是由某一属性或者某些属性构成的。你们需要通过实验来发现这个概念。"

然后，布鲁纳会向被试呈现一张肯定实例，并明确告诉被试："这张卡片就是肯定实例，你需要在这81张卡片中，根据自己的想法选择属于这个概念的其他肯定实例，每次只能选出一张卡片。选出后拿给我看，我会告诉你，你选择的是对还是错。"实验一直这样进行下去，直到被试发现布鲁纳所提供的肯定实例的概念为止。

布鲁纳通过实验观察发现，被试形成概念假设的途径主要有两个。其一，被试记住布鲁纳所提供的肯定实例图片的所有共同属性，而忽视其他属性。这种途径被称为"总体策略"。其二，被试集中确认肯定实例的一种属性，比如选择黑色。如果这个选择是对的，那么被试就可以确定黑色属于人工概念的一个属性，并记忆下来。如果是错误的，那么就会继续寻找以及确认。这种途径被称为"部分策略"。经过统计，布鲁纳发现，被试中有 65% 的人选择部分策略的方式。

延伸阅读

在一项实验中，实验者用实验证明用一些词语概念可以无意识地改变被试的行为。30 名被试被实验者划分为三个小组，即粗鲁组、礼貌组和控制组（作为实验的参考标杆而存在）。在实验过程中，实验者会把被试暗示成三种不同的状态，这种状态与被试所划分的小组有关，即“粗鲁的”“礼貌的”以及“既不粗鲁也不礼貌的”。此外，实验者还会保证这项实验必须在非常隐蔽的状态下完成。也就是说，被试并不怀疑自己是否被实验者所操控，被试不知道自己被实验者划分成不同的小组。

在实验开始后，实验者会要求被试对一些字谜进行解读。例如，粗鲁组的字谜中会出现类似“麻烦”“打扰”“大胆”这类较为粗暴的字眼儿。而礼貌组的字谜中则会出现类似“耐心”“有礼貌”“有教养”之类的字眼儿。对于控制组，实验者所给出的字谜中都是一些中性的词语。

被试完成对字谜的解读后，会被实验者安排去往另一个实验室。实验者会告诉被试，这项实验的策划者在那里。但是房间中不止他一个人，策划者正和一些人深入交谈。也就是说，被试不得不等待，等策划者和其他人交谈完毕。其实，这是事先设计好的环节。

实验者想通过这个环节了解，有多少被试会主动打断一直无视自己、和别人喋喋不休地谈了 10 多分钟的策划者，以了解之前猜谜语环节中所出现词汇对被试无意识的影响。

实验结果是，礼貌组的被试中只有 18% 的人在策划者聊完整整 10 分钟后，才打断他们之间的谈话；粗鲁组的被试中则有高达 64% 的被试在策划者与他人谈话中途打断了他们；控制组的被试保持在两组水平的中间，有 36% 的被试打断了策划者与他人的谈话。

这个实验结果说明，大部分被试在无意识中被实验者操控。在实验中，被试会乖乖遵从实验者的诱导，进而出现改变认知的行为。例如，粗鲁组在字谜中所使用的词汇大多数是不礼貌的词语，正是因此，粗鲁组中的被试才变得更加大胆和直率，从而出现敢于打断策划者和他人谈话的情况；而礼貌组的被试只是按照实验者的引导，在字谜中经常用到一些具有约束力的礼貌性词语，从而出现温顺且有礼貌的行为。

❖ 中年危机不可避免吗——成年期人格调查

心理学家雷文娜·海尔森为了研究成年人人格的发展，展开了一项纵向调查研究，所谓纵向研究就是对同一组被调查者在不同发展阶段进行反复的观察和研究，以获得不同年龄阶段变化的资料。海尔森选择加州密尔斯女子大学中的 132 名大四年级学生作为调查研究的对象。

海尔森的这项调查从 20 世纪 50 年代末期开始。在这项调查中，海尔森只考虑了女大学生的心理特征，并没有考虑到她们不同的专业以及不同的生活轨迹。

通过调查，海尔森把这 132 名大学生划分为三个主要类型。第一个类型是家庭指向型，也就是以家庭生活为主要人生目标的女大学生；第二个类型是事业指向型，也就是以事业为主要人生追求的女大学生；第三个类型两者都不是，也就是说此类女大学生既没有家庭方面的追求，也没有事业方面的追求。她们的人生目标就是需要一份低层次的工作，满足基本生活需要就可以了。

因为这次的调查属于纵向研究，所以在这次调查结束后，海尔森在 1981 年的时候又对这 132 名大学生进行了一次调查。这个时候，被调查的对象已经不再年轻，她们都是 42 岁至 45 岁的中年人。

这次调查研究的结果是，这132名大学生在她们成年期都经历了一些心理方面的发展变化。只是这种变化有类型之分，其中第三种类型女性的心理变化要小于投入事业和家庭类型的女性。

不仅如此，海尔森还在这次调查中发现，在40岁左右的时候，这些女性中的大部分都出现相同的思考和关注点。例如，大多数被调查女性在40岁左右的时候开始思考和关注年轻与衰老的问题，对生命本源的问题开始产生兴趣，有时候甚至会思考有关死亡的问题。这一发现与在男性的纵向调查中的发现是相似的。

海尔森还认为，虽然处于成年期的人们人格发展具有稳定性，但是并不意味着一成不变。相反，在成年期这一人生阶段内，成年人的人格会在稳定的基础上出现一些变化。

延伸阅读

心理学家通过大量的纵向调查研究发现，当人们处于成年期时，大部分人的人格要么会表现得很稳定，也就是说，人格特征基本上不会出现变化；要么就会出现极端的变化。

成年期人格特征极端变化的主要表现就是中年危机。许多心理学家认为，在中年期这一看似稳定的阶段内，有些人的人格并不会像我们认为的那样稳定。有些人会在成年期经历一种危机，这种危机有可能会改变这个人的人格特点。

有的心理学家认为以上的观点属于危言耸听，因为只有极少数的成年人才会遭遇所谓的中年危机。心理学家瓦尔恩做的一项调查研究证明了这一点。

瓦尔恩的调查方式是对哈佛大学的学生们进行访谈，然后等这些人到了三十几岁和四十几岁的时候再进行访问。瓦尔恩这项研究的范围十分广泛，他一共访问了2247名学生。通过大量的调查研究，瓦尔恩发现这些人并没有出现所谓的中年危机，有的人甚至连情绪不稳定的问题都没有出现过。这项调查结果足以证明，中年危机的确不适合大多数成年人。

在人一生的发展经历中，成年期往往被大多数人看成整个人生的黄金发展期。因为成年人既不会像婴幼儿那样稚嫩，也不会像青少年那样出现许多问题和矛盾。虽然儿童期和青春期是人格发展的关键时期，但是我们也不得不承认在这两个时期内，人格的发展不仅不稳定，而且很容易出现巨大的转变。相对于儿童期和青春期，处于成年期的人格更加稳定。

在一项调查研究中，研究者发现成年人会有这样的感觉，即认为自己的个人控制感以及能力都比以往有所增长。这次调查的对象主要有三种：青年人（平均年龄为19岁），成年人（平均年龄为36岁），老年人（平均年龄为73岁）。

在这项调查中，研究者还发现，成年人相对于青年人更会控制自己的情绪，成年人不会经常处于紧张和担心的状态。不仅如此，成年期的中年人还觉得自己对工作和生活的控制感比以前有所增加。

心理学家约翰·克劳森认为，人在成年期的发展具有连续性，而把成年期划分为不同的阶段是错误的。因为在成年期发展中的人既有稳定性，又有变化性。

克劳森还认为，当一个人在成年期遇到较大的危机时，他的人格的确会出现较大的变化。但是，许多人因为他们稳定和持续不断的生活，并未发生太大的改变。也就是说，大多数人的改变是建立在稳定性基础上的。就像海尔森在加州密尔斯女子大学中所得出的调查结果一样，那132名女性的人格因为生活稳定，并没有出现大的改变，在稳定基础上只出现了小的变化。

❖ 什么样的老人更快乐——老人控制力实验

心理学家兰格与罗丁在康涅狄格州的一家名为阿登屋的养老院合作进行过一次著名的实验。通过这项实验，兰格和罗丁证明，一个人即使是老年人，如果感觉可以掌握自己的生活，那么他也会感到快乐，这归功于控制力。

兰格和罗丁之所以会选择阿登屋这家养老院，是因为这家养老院被认为是康涅狄格州最好的养老院，这家养老院能提供高质量的医疗服务、娱乐设施、居住条件以及工作人员一流的服务态度等。阿登屋养老院的硬件设施十分完备，养老院的大楼一共有四层高，而且规模很大，具有现代化的风格。

除了这些外在的条件，被试的条件也很重要。住在阿登屋养老院的老人基本情况相差不大，首先阿登屋养老院中老人们总体的身心健康状况非常接近，有相似的社会经济背景。这样可以保证实验结果的普遍性。

兰格与罗丁在阿登屋养老院中随机挑选了两层楼的老人作为被试，让住在这两层楼的老人分别接受两种不同的实验。兰格与罗丁首先让住在第四层的老人们（8 男 39 女）接受了“责任感提升”的训练，目的在于提高这些老年人已经丧失的为自己负责的能力。

此外，兰格与罗丁告诉这些老人：“你们有照顾自己的责任，当然，在履行这些责任的同时也会享有一些权利。你们可以自己决定房间内设施的布置，完全可以按照自己的喜好来布置，而不用考虑养老院的规定。你们有责任让我们知道你们的意见，并告诉我们你们想做出什么样的改变以及你们所希望做的事情。另外，我们还想利用这个机会送给你们每个人一些小礼物。”

这时，实验者会拿着装满植物的盒子走到老人面前。然后，兰格和罗丁继续说："当然，你们可以拒绝这件礼物，不养植物。也可以接受，那就是任意选择自己喜欢的植物来照看和打理，这是你们自己的权利。"结果，所有老人都挑选了一株植物。

等老人挑选完植物后，兰格和罗丁会对他们说："还有最后一件事情，那就是下周四和周五的晚上，阿登屋会播放电影，你们可以选择看，也可以不看。"

兰格与罗丁还选择住在第二层的老人作为这次实验的参照组，也就是第二个实验小组。他们会对这个小组的老人说："我们希望你们的房间尽可能舒适，并且阿登屋的工作人员已经尽力为你们做出安排。你们的一切日常生活会照旧，工作人们会为你们安排好一切。另外，我们还想利用这个机会送给你们每个人一些小礼物。"

这时，实验者会拿着装满植物的盒子走到老人面前，并把植物发给每一位老人。然后兰格和罗丁会继续说："这些植物从今天起就是你们的。不过你们也不用担心，因为阿登屋的工作人员会替你们好好照料这些植物。而且，这本来就是工作人员的分内之事。最后，我还有一件事情要通知你们，那就是下周四和周五，阿登屋会播放电影，你们需要在工作人员的安排下去观看电影。"

为了让老人牢记这些要求，也为了吸引老人对这次实验的注意力，三天之后，兰格和罗丁再次来到这两层楼中，对每个老人重复交代同样的要求与信息。

从兰格与罗丁的交代中，我们可以看出，虽然两个实验小组中老人的生活条件基本相似，但是生活方式却大相径庭。在第一个实验小组中，老人拥有对自己生活方式的选择权利，可以按照自己的喜好来安排生活。第二个实验小组的老人似乎比第一个实验小组的老人得到更好的照顾（毕竟事事有人代劳），可事实上，第二个实验小组的老人却在无形中被剥夺了自主选择生活方式的权利。虽然他们会得到养老院工作人员的悉心照顾，但是却丧失了为自己生活决策的权利。

这项实验在阿登屋养老院持续了三个星期。三个星期后，兰格与罗丁的身影重新出现在阿登屋养老院。兰格与罗丁此行的目的是验收自己的劳动成果，也就是对这些参加实验的老人进行一次情绪测验，这个测验的结果将是实验的成果。

测验的结果表明，这两个实验小组的老人虽然生活条件很相似，但是在快乐、活力、机敏和活动参与的积极性等方面却有着很大的差异。

第一个实验小组中的老人明显比第二个实验小组中的老人更快乐且更有活力。不仅如此，兰格与罗丁还发现，第一个实验小组中老人的敏感度更高。而且，他们在参与活动的时候比第二个实验小组中的老人更积极一些。比如，在播放电影的时候，第一个实验小组中去看电影的老人非常多，但是第二个实验小组中去看电影的老人却寥寥无几。

测验结束后，兰格与罗丁还为所有参加实验的老人举行了一场有趣的比赛——猜果冻豆比赛。这项比赛十分有意思，第一个实验小组中有10位老人主动参与了这个游戏；但是第二个实验小组中只有1位老人主动提出参与比赛。而且在比赛的过程中，这位老人明显没有第一个实验小组的10位老人的积极性高，情绪也显得有点儿低落。这个实验结果有力地证明了控制力会对人产生积极的影响。

延伸阅读

大多数人都对老年人存在着这样一种刻板印象，即认为老人或老年期只有衰退，不会有任何发展。这样人们就会想当然地认为老年人是需要被照顾的。因此，在许多养老院中，老年人都会得到工作人员无微不至的悉心照顾。但是，这种照顾却在某种程度上剥夺了老年人对自己生活的掌控权。因此，有许多老年人很难快乐起来。

兰格和罗丁通过一系列的后续研究清楚地表明，人拥有的控制力越多，其老年化的过程就会越快乐、越健康平稳。当我们步入老年时，控制力对我们而言是必需且有价值的。其中，给予老年人自我选择的机会，可以提高个人的力量与控制力。

既然如此，那是不是意味着一个人的选择越多就越有控制力，就越好呢？关于这一点，有一项实验研究巧妙地比较了人们面临有限的选择和较多的选择这两种情况时会出现的反应。

实验者设计了自然情景和实验室情景这两种环境。实验者会让被试选择购买精选果酱、巧克力或者去写一份额外的评论文章。

然后，实验者安排一些被试在其所做选择时的各项目下再次面对 6 种选择；而另一些被试则有 24 至 30 种选择。

实验结果表明，那些选择范围为 6 的被试想要购买果酱或巧克力的人数比选择范围为 24 至 30 的被试要多。另外，选择写额外评论文章的被试中，选择范围为 6 的小组人数也明显多于选择范围为 24 至 30 的选择组。

通过实验，研究者还发现，当被试的选择范围被限制时，也就是选择项目比较少，被试会对自己的选择更加满意，而且评论文章也写得更好。这个实验结果说明，人面临的选择必须是有限的，不能太少，也不能太多。如果选择太少，人们会感觉不到控制力，不会快乐；如果选择太多，人们很容易不知所措且淹没在过多的选择中，感到很困惑，有困惑的人同样不会感到快乐。

❖ 快乐与痛苦的原因——脑部电击实验

人是有感情的，有时候人们会感到快乐，有时候却会觉得痛苦。那么，我们为什么会有快乐与痛苦的感觉呢？关于这个问题，大多数人的答案是，因为我们遇到让自己快乐或者痛苦的事情。例如，当我们朝着某一目标去努力，最后达到了既定的目标，就会产生一种满足性的快乐；相反，如果我们的努力没有换来自己想要的结果，甚至遭遇到失败，那么我们就会痛苦不已。

这种观点有一定的道理，总的来说就是把我们的快乐与痛苦归结于外界因素。但是除了这个原因，心理学家还发现其他原因。当我们通过某种手段刺激大脑的某个部位后，即使没有外在环境的刺激，人们依然可以产生快乐或痛苦的情绪体验。这是一个重大的发现，说明我们的情绪体验不仅局限于外界的刺激，还有自己内在的生理原因。此外，这个发现还证明，我们的大脑中有专门管理快乐与痛苦的中枢神经。

这个理论是心理学家奥尔兹通过实验发现的，在实验中，奥尔兹选择微电极技术来研究老鼠的脑功能。微电极是一种极小的电极，可以安插在动物脑部的各个部位，而且不会影响动物的日常生活与健康状况。

实验者可以利用微电极向所插入的动物脑部施加电流进行刺激，以观察动物的具体反应。奥尔兹在一次研究中意外发现一个有趣的现象，当他在老鼠跑到某个地方后，对其下丘脑附近进行电流刺激，这只老鼠总是喜欢往这个地方跑，似乎想重新体验那种被微电极电流刺激的感觉。于是，奥尔兹进行了一项实验。

在实验开始前，奥尔兹设计了一个实验中会用到的装置，也就是一个可以控制电流刺激的开关——横杆。这个实验装置是专门为实验中的老鼠准备的，也就是说，老鼠可以通过按压这个横杠，从而体验到那个埋藏于大脑中下丘脑位置的微电极所产生的电流刺激，维持时间有 0.5 秒。

实验开始后不久，奥尔兹就看到了老鼠的疯狂举动。当老鼠按压那个横杠后，微电极所产生的电流刺激其下丘脑，老鼠从而体验到快乐的感觉。所以，老鼠开始疯狂地按压横杆，不断地体验被电流刺激的快乐，而且乐此不疲。

奥尔兹注意到，每只老鼠都在以极高的频率按压横杆，平均频率为每小时2000次。有的老鼠甚至能达到一小时5000次的按压横杆频率。当老鼠按压横杆15至20个小时后，就会感到筋疲力尽，于是昏昏欲睡以补充体力。可是等老鼠休息够了，它们会继续疯狂按压横杆的行为。

奥尔兹为了验证老鼠对这种电流刺激的迷恋程度，在实验中增加了一个装置，他在老鼠与横杆之间安放了一个电流的架子。老鼠想要按压横杆，就必须通过架子，体验被电击的痛楚。尽管如此，那些老鼠还是着了迷一样通过架子去按压横杆，以体验下丘脑处被电流刺激的感觉。

最后，奥尔兹把微电极安插在老鼠脑部的边缘部位，重新观察老鼠的反应。结果老鼠又出现了疯狂按压横杆的行为。因此，奥尔兹认为下丘脑和边缘系统存在着快乐的神经中枢，而微电极的电流刺激可以让老鼠获得快乐的情绪体验，所以它们才会疯狂地按压横杆。

延伸阅读

奥尔兹所得到的实验结论在医院脑外科病人中得到了验证。一些医生在征得病人的同意后，在给病人脑部做手术的时候，会刻意刺激一下下丘脑和边缘系统。事实表明，病人很喜欢这种刺激。

美国医生扎克布森与汤尔克逊也大胆地把这个实验运用到人的身上。他们用微电极刺激病人大脑中的下丘脑部分，观察病人的具体反应。结果发现，病人被电流刺激时会出现微笑的面部表情，并且表示自己的感觉很不错。这说明，奥尔兹的实验结果也同样适用于人类。

奥尔兹的实验发现了大脑中快乐的神经中枢，既然如此，也一定存在着痛苦的神经中枢。关于这一点，心理学家也做过实验。心理学家把微电极安插在老鼠脑部的其他位置，并且把那个按压横杆可以获得电流刺激的装置改装成按压横杆可以阻断电流刺激。

实验发现，当心理学家给老鼠的脑部施加电流刺激时，老鼠会疯狂地按压横杆以中断这种电流刺激。这是因为这种电流刺激会让老鼠有痛苦的感觉，而微电极安插的位置就是可以产生痛苦体验的神经中枢。

❖ 恐吓的尺度——恐惧诉求实验

许多父母在教育孩子的时候喜欢采用恐吓的手段。例如，当孩子不好好学习时，有的父母就会对他说："你现在不好好学习，将来一定会饿死。"可是，这种恐吓的教育手段真的能达到预期的效果吗？恐吓的方式把握到什么程度合适呢？关于这些问题，心理学家贾尼斯做过一项实验。

贾尼斯所设计的这项实验被称为"恐惧诉求实验"，以高中生作为被试，实验的掩饰性目的是让被试了解刷牙的重要性。在实验中，贾尼斯采取恐吓的方式来教育被试，希望被试了解到不刷牙的坏处后能够坚持每天刷牙以保护牙齿。

贾尼斯把被试划分为两组，第一组接受"强"的恐惧信息；第二组接受"微弱"的恐惧信息。实验结果发现，接受"微弱"恐惧信息的小组达到了较好的教育效果，比接受"强"恐惧信息的小组所达到的效果要好得多。

贾尼斯通过实验结果还总结出恐惧诉求与态度改变之间的规律，即呈现"倒U形曲线模式"。贾尼斯认为，一则信息中程度或高或低的恐惧诉求会使当事人产生较小幅度的态度改变，而一则信息中中等程度的恐惧诉求则会导致较大幅度的态度改变。也就是说，在采用恐吓教育方式的时候必须把握好尺度。程度或低或高的恐惧都达不到良好的教育效果，难以使人改变自己的态度，只有中等程度的恐惧才可以有力地改变人们的态度。

此外，贾尼斯经过大量的研究发现，在“强”和“微弱”的恐惧诉求之间，还有“传播者可信度”与“受传播者知觉作用”这两个重要的影响因素。因此，贾尼斯通过对这几项重要影响因素的综合总结指出，一个成功的恐惧诉求，也就是想要通过恐吓的手段达到良好的教育效果，需要掌握恐惧诉求与态度改变之间的规律，即“倒U形曲线模式”，还需要建立传播者的可信度以及了解受传播者的接受程度。贾尼斯还指出，如果以上这些因素都无法掌握，那么就采用“微弱”程度的恐惧信息，因为这种方式比较保险。

延伸阅读

恐惧诉求之所以会产生不错的教育效果，并且可以改变受传播者的态度，就是因为这种方式能激起受传播者的恐惧情绪。恐惧情绪属于人类负面情绪中较为强烈的一种，当人们感到恐惧的时候，会引起一系列生理变化，呼吸急促、心跳加快、血压增高等。这样一来，人们就会产生一定的心理压力，会感觉到紧张不安与压抑。如果人们长时间处于恐惧的状态，势必会给自己的身心带来巨大的伤害。所以，人们就会想办法消除恐惧情绪，这是人们自然产生的解除心理压力的需要。这个时候，人们会比较容易接受消除恐惧心理的指导，也就容易接受对方的意见，改变自己的态度。

❖ 越恐惧越合群——亲和力动机实验

自古以来，人类就是群居动物。凡是群居动物都要学会处理自己与群体之间的关系，这是一种必不可少的生存方式。如果一个人无法处理好自己与他人之间的关系，那么他就会受到惩罚，也就是被孤立起来。作为一个个体，想要和周围的人建立良好的人际关系，就必须具有亲和力。

一个人在社会中生活，一定会产生与他人亲近、交流、交往以获得他人的关心、理解的需要，这种动机在心理学中称为“亲和动机”。

心理学家已经用实验证明，人的亲和行为与恐惧心理的关系十分密切。而心理学家沙赫特进一步提出这样的理论假设，即处于高度恐惧状态的人比处于低度恐惧状态中的人具有更强的亲和动机。沙赫特还专门用实验证明了这个理论假设。

在实验开始前，沙赫特需要选择参加实验的被试。为了实验的需要，沙赫特专门选择一些恐惧量（俗称胆量）相同的人作为被试。沙赫特把62名女大学生划分为两个小组，一组是实验组，人数为32人，实验组的被试在实验中会被沙赫特唤起高度恐惧；另一组则是控制组，人数为30人，控制组的被试在实验中会被沙赫特唤起低度恐惧。

在实验中，这两组被试都会被安排接受电击。一方面，沙赫特对实验组的被试说：“一会儿，你们将会在实验中接受电击。电击会伤人，会给你们带来巨大的痛苦。但是这种电击所带来的伤害不久后就会消失，不会造成永久性的伤害。”另一方面，沙赫特对控制组的被试说：“接下来，你们会接受电击。但是我可以向你们保证这种电击不会给你们带来任何不舒服的感觉，你们只会感觉到痒痒的或是战栗的。”

这样一来，虽然两组被试都在等待被电击，但是感受是不一样的。实验组是在等待痛苦且惊恐的体验，而控制组则等待毫无威胁的体验，相对轻松许多。

接下来，沙赫特并不会真正让被试去接受电击。沙赫特会告诉被试：“实验因为一些原因，需要推迟10分钟。你们可以到安排的房间去等待，那里有舒服的座椅和一些报纸。”这时，有些被试提出要和参加这次实验的其他被试一起等待。于是，沙赫特就问其他被试的意见，让所有被试在“和他人一起等待、独自一人等待、不做任何选择”这三个选项中做出选择。当被试做出选择之后，沙赫特会问被试做出这种选择的感受是否强烈。这时，整个实验结束。

沙赫特经过一番统计得出以下结果，实验组的32名被试中，有20个被试选择与人结伴等待，占总人数的62.5%；控制组的30名被试中，只有10个被试选择结伴等待，占总人数的33.3%。这个实验结果说明，当一个人越是处于焦虑与恐惧的状态时，就越会产生强烈的亲和动机，越亲近他人。

延伸阅读

当一个人越是恐惧的时候，其亲和动机越是强烈。为什么会出现这种现象呢？这是源于一种社会对比。人是社会性的群居动物，在社会生活中会不自觉地把自己的反应和他人的反应进行对比，以判定自己的反应是否合适。

当一个人处在恐惧状态时，会无法确定自己的感情反应是否正确，所以会强烈地想要了解他人的感情反应，以减小这种不确定性，也就出现了所谓的亲和力与合群行为。

❖ 虚拟的转动——心理旋转实验

在日常生活中，我们都有这样的体验，即使人或者物体不在面前，只要一提到他/它的名称，头脑中就会出现相应的形象。例如，当有人跟你提到“苹果”这个词语时，即使你没有看见苹果这种水果，你的脑海中也会出现苹果的形象。这种现象在心理学上被称为“心理表象”。

在心理表象的基础上会出现心理旋转的现象，也就是在心中对图形进行旋转。

心理学家谢帕德和梅茨勒做过一项实验，用来证明心理旋转现象确实存在。在这项实验中，他们用到了一些实验材料，也就是1600对图片。这些图片上是一对对不同方位的立方体，这些图形是相同的，不同的是图形的方位与结构。

谢帕德和梅茨勒找来8名成年被试，让被试判断每对图片中图形是否相同，然后谢帕德和梅茨勒记录下每个被试判断时所用的时间。

等实验结束后，谢帕德和梅茨勒又调查了被试判断图形是否相同时所采用的方法。被试表示他们首先会把图形在心理进行旋转，直到这个图形与图片上另一个物体的方位相同后才会进行比较，看看这两个图形是否相同。谢帕德和梅茨勒经过统计发现，图形旋转的度数越大，被试需要的判断时间越长。这项实验就是著名的心理旋转实验。

谢帕德和梅茨勒的这项实验证明表象是物体抽象的类似物的再现。而心理旋转则是真实的物理旋转的一种类似形式。

延伸阅读

谢帕德在进行心理旋转实验后的两年，为了进一步研究心理旋转现象，就与心理学家库珀一起合作进行了一项实验。在这项实验中，谢帕德和库珀以不同倾斜角度的正向和反向的字母R作为实验材料。

在实验材料的左边有6个正向的R，但是倾斜的角度各不相同；实验材料的右边有6个反向的R，倾斜角度与正向R的倾斜角度相同。

在实验中，谢帕德和库珀会随机地把这12个R字母中的任意一个呈现给被试，然后要求被试进行判断，确定这个字母R是正向的还是反向的。谢帕德会记录下被试做出判断所用的时间。

在实验结束后，谢帕德和库珀会调查被试在进行判断时所采用的方法。被试表示，他们首先会把不同倾斜角度的字母R在心里进行旋转，当字母R旋转到正常的正立位置后才会进行判断。谢帕德和库珀经过统计后发现，字母R在被试心理旋转的角度越大，被试做出最后判断所需要的时间就越长。

此外，谢帕德还发现被试在进行心理旋转的时候所采用的方式并不一定是固定不变的，例如并不是完全按照顺时针的方式进行旋转，有时也会采用逆时针的方式进行旋转。采用何种方式进行旋转，完全取决于字母R哪边靠正常的正立位置比较近。因为这样旋转起来的角度比较小，所需要的时间比较短，能够保证被试尽快做出判断。

第八章

心理学是个“筐”，啥都往里装
——形形色色的心理实验

❖ 认知加工的矛盾——斯楚普效应实验

斯楚普效应是由心理学家斯楚普通过实验发现，并因此而得名。斯楚普效应具体是指，当人们对某一特定刺激产生反应时，会做出准确的表述，但是由于某种因素的干扰，被刺激者难以集中精力对特定刺激做出反应。

1935年，斯楚普设计了一项实验。在这项实验中，他准备了一些实验材料。这些实验材料可以使被试对某一特定因素做出反应，但有干扰因素一直存在着：刺激材料在颜色和意义上是相互矛盾的，如用蓝颜色写成一个“红”字。

在实验中，斯楚普并不要求被试念出这个字，而是要求被试说出这个字的颜色。结果发现，被试的反应时间比字的意义和颜色一致时所用的反应时间要长一些。这个结果说明，字的意义和颜色相互矛盾时，被试的认知过程会受到干扰。也就是说，被试在向斯楚普说字的颜色时受到了字义的干扰。

斯楚普通过以后的研究表明，在这项实验中，呈现的刺激因素包含两种信息，即字的意义和书写这个字的颜色。但是，被试对这两种信息的认知加工是不同的。

当这两种信息被被试同时输入时，如果被试只想对其中一个信息进行认知加工而故意忽略另一种信息，将非常难以做到。例如，当被试看到用蓝颜色写成一个“红”字时，他会同时注意到蓝颜色和“红”的字义这两种因素，并且对他回答问题形成一种干扰。这种干扰的结果就是被试的反应变得慢起来，回答问题需要更长的时间。

此外，斯楚普还在实验中发现，被试认为对字的意义进行认知加工是比较容易的，所以被试总是倾向于向斯楚普报告字的意义。但是，斯楚普给被试的任务却是报告字的颜色。这样一来，被试在对这两种因素进行认知加工的过程中就很容易发生矛盾，也就是出现字的意义对字的颜色进行干扰的现象。

斯楚普认为，之所以会出现这种现象，是因为被试是一些有文化的成年人，长期的阅读训练让他们不用多注意字的意义就能顺利地读出文字。所以，面对斯楚普所给出的材料时，总是不自觉地读出字的意义，而非颜色。

延伸阅读

在斯楚普效应提出来以后，许多心理学家也投入这项研究。通过研究，心理学家发现，该效应在儿童开始学习阅读的时候就会出现，在儿童到三年级时会达到高峰。以后则随着年龄的增长而缓慢减退，直到60岁。这一研究结果说明，频繁的阅读训练可以扩大斯楚普效应。

在斯楚普的这项实验中，由于长期的阅读训练，被试对字义的反应并不需要投入太多的注意力，所以认知加工过程被称为“自动加工”。而对字的颜色的反应则属于需要控制的认知加工。

❖ 完美中的小瑕疵——出丑效应实验

心理学家埃利奥特·阿伦森做过一项实验，并根据这项实验提出出丑效应。这个效应具体是指，那些非常完美的人并不会受到人们的喜爱，相反，在完美中有一点小瑕疵的人反而会受到人们的喜爱，因为这样的人会让人们感觉到他的亲和力。

在进行实验之前，阿伦森首先准备好 4 盘不同的访问录像带。在实验开始后，阿伦森让被试看这 4 盘不同的录像带，并根据自己的主观判断对录像带中的被访者做出评分。评分越高则表示被试越喜爱被访问者，评分越低表示被试越讨厌被访问者。其实，在这 4 盘录像带中被访问者都是同一个人，不同的是访问者事先的介绍以及对访问过程的安排。

在第一盘录像中，访问者首先会介绍一下被访问者。在访问者的描述中，被访问者是一个完美无缺的学生，不仅学习成绩优异，在运动方面也十分在行。在接下来的采访中，被访问者会答出访问者所提出的任何问题。

在第二盘录像中，访问者对被访问者的介绍与第一盘录像中一样。被访问者在回答访问者的问题时，也表现得十分优秀。唯一不同的是，这盘录像中安插了一段小插曲。被访问者表现得有点儿紧张，而且不小心打翻了桌上的咖啡，弄得自己身上到处都是，十分尴尬。

在第三盘录像中，被访问者是一名普通的学生，在回答访问者的问题时表现得十分平凡，并没有什么出彩的地方。

第四盘录像与第三盘录像一样，不同的是安插进一段小插曲，与第二盘录像中的小插曲一样，被访问者紧张得打翻了咖啡，并且很尴尬。

实验结果表明，被试最喜欢第二盘录像中的被访问者，其次是第一盘录像中的被访问者，然后才是第三盘录像中的被访者。被试表示，他们最不喜欢第四盘录像中的被访问者。

这个实验结果说明，虽然平庸的人不会受到大多数人的喜爱，但是表现十分完美的人同样不会受到大家的欢迎。只有那些完美中带着一点小小缺点的人才会得到大多数人的喜爱。这项实验充分证明出丑效应的存在。

延伸阅读

有人做过这样一个现场实验。实验者请三个演讲者分别给同一批人做演讲。

第一个演讲者上台之后，表现得十分完美，举止落落大方、言语流畅，而且演讲的内容十分精彩。整个演讲的氛围都被演讲者控制得非常好，既有激情，又富有号召力。

相比之下，第二个演讲者的表现就比较拙劣。因为这位演讲者表现得十分拘谨，而且所演讲的内容也很老套，没有什么新意。这位演讲者与第一位演讲者形成巨大的反差。

第三位演讲者与第一位演讲者可以说不分伯仲，同样表现得十分优秀，形象也给人一种轻松大方的感觉，而所演讲的内容同样让现场听众感到激情澎湃。但是，这位演讲者的表现并没有第一位演讲者那么完美。因为在演讲的过程中，他出现了一些小的口误。

最后，实验者会让听众对这三个演讲者的印象做出评价。调查的结果出乎意料，实验者原以为听众一定会喜欢第一位演讲者，因为第一位演讲者的表现是那么完美。但事实上，听众却更喜欢第三位演讲者。

每个人都向往完美，但是为什么在日常生活中，人们却不喜欢完美无缺的人，反而是那些表现优秀，但是稍微出现一点儿小问题的人更能赢得人们的喜爱？

这是因为人们在那些表现得十分完美的人面前会产生一种自卑的情绪，会觉得自己和面前这个人的差距是那么遥不可及。而且，人们面对一个过于完美的人时，会觉得自己和那个人的距离十分遥远，对方一点儿亲和力也没有。

❖ 跨文化的肢体语言——表情实验

人类主要通过语言进行交流，说起语言，人们就会想起从嘴巴中说出来的话。事实上，还有一种无声的语言，那就是肢体语言，而面部表情就是人的肢体语言之一。

在面部表情的研究领域中，心理学家保罗·埃克曼的实验研究一直处在最前端。埃克曼通过自己的研究发表了一篇论文，在这篇论文中表达了一个主题，即人表达基本情绪的面部表情具有跨文化的一致性。

为了验证自己的理论，埃克曼和搭挡弗里森来到巴布亚新几内亚东南部的高原地区，寻找适合实验调查的被试。他认为，处于原始文明中的人，即使他们并没有接触过任何异域文明，依然可以像生活在东方文明和西方文明社会中的人们一样，在表达基本情绪时会表现出相同的面部表情。

埃克曼在巴布亚新几内亚的高原地区找到一个原始部落——弗尔族。这个民族的人们过着与世隔绝的日子，其社会状态显然仍处于石器时代。也就是说，这个部落中的人们几乎没有接触过来自东方文明和西方文明。因此，这个部落中的人最适合当埃克曼实验的被试。

埃克曼最后选择 189 名成人和 130 名儿童作为实验组的被试。这些被试不仅从未看过电影，也不会说英语。此外，埃克曼还选择 23 名接触过西方文化的弗尔族人作为对照组的被试。

在实验中，埃克曼让被试观看三张印着不同面部表情的照片，同时读一段简短的描述该情绪产生的某种场景或者是故事情节给被试听。也就是说，每段描述都会对应着一张照片。

在听完埃克曼的这段描述之后，被试会被要求指出与某一故事情节描述最为匹配的面部表情。在设计这些故事时，埃克曼煞费苦心，他必须小心谨慎地保证每种故事描述只与一种情绪以及面部表情有关，还得保证这些是弗尔族人能辨认和理解的。例如，埃克曼在编写与恐惧情绪以及面部表情有关的情景或故事时，就必须编得长一些。因为这样可以避免弗尔族人将恐惧的情绪和面部表情与惊讶、愤怒混合在一起。

儿童被试与成年被试参加实验的流程基本一致，不同的是，埃克曼只要求儿童被试在听完故事后从两张照片中挑选出与故事情节相匹配的照片就可以了。也就是说，成年被试的任务是三选一，而儿童被试的任务是二选一。

在这项实验中，最重要的一个环节就是读故事或是情景描述。为了实验的顺利进行，充当翻译的当地人都经过严格的训练，尽量避免翻译给被试所带来的影响。

实验结果发现，被试在辨认面部表情时，除了恐惧和惊奇的表情出现较多的错误，其他面部表情辨认的正确率较高。

后来，埃克曼还把实验组和对照组的实验结果进行对比。结果发现，这两组被试在正确匹配率上的差异并不大。也就是说，表达基本情绪的面部表情不会受到外界文化的影响。

接下来，埃克曼还用录像机记录弗尔族人表现六种基本情绪的面部表情，并带回美国给大学生观看，然后让美国大学生进行辨认。结果发现，美国大学生识别不同情绪所对应的面部表情的正确率也很高。

延伸阅读

在这项实验之前，埃克曼和弗里森就已经开始着手研究人的面部表情，他们在阿根廷、智利、日本和美国都做过相似的实验。他们向具有大学文化的被试呈现人类面部表情的照片，并且让被试识别出相对应的某种情绪。埃克曼通过在这些国家所进行的实验得出一个结论，即人的面部表情具有跨文化的普遍性。

❖ 水罐问题——心理定式实验

心理定式是指心理上的某种倾向性。心理定式的优点是可以帮助人们迅速地做出反应。但是，它的缺点是会把人的反应局限在一个狭隘的空间中。心理学家洛钦斯曾经用实验证明心理定式的存在。

在实验中，洛钦斯会要求被试用不同容量的量杯量出一定量的水。例如，当量杯的容量分别为 21 毫升（量杯 A）、127 毫升（量杯 B）、3 毫升（量杯 C）时，用这三种不同容量的量杯量出 100 毫升的水。答案是 B 量杯—A 量杯—2 个 C 量杯。

在实验中，如果被试发现上面那个公式适合解决许多水罐的问题，那么遇到后续问题时，往往会倾向于采用这个公式，并渐渐形成一定的心理定式。

延伸阅读

一个犹太人走进纽约的一家银行，他来到贷款部并大模大样地坐下来。贷款部的经理一看这架势马上问："请问先生您有什么事情吗？"在问问题的时候，经理的眼睛一直在打量面前这个人的穿着：昂贵的西服、高级的皮鞋、华丽的手表，还有镶着宝石的领带夹。经理认为这个人一定是个有钱人。

就在经理打量的时候，犹太人开口了："我想借些钱。"经理爽快地答应："好啊，您要借多少钱？"犹太人说："1 美元。"经理不解地问道："只需要 1 美元吗？"

犹太人说："没错，我只需要借 1 美元，难道不可以吗？"经理马上说："当然可以，只要有担保，再多的钱也可以。"

犹太人说："好吧，你看这些作为我借钱的担保应该没什么问题吧？"犹太人边说，边从豪华的皮包中拿出一堆股票和国债等，放在经理的面前。

犹太人看着经理说："这些东西总共价值50万美元，怎么样？这些应该够做担保的吧？"经理连忙说："当然，当然。但是您确定真的只要借1美元吗？"

犹太人肯定地说："是的。"说着，犹太人接过1美元。经理开始解释道："您借钱的年利息为6%。只要一年后，你付出6%的利息，再加上这1美元，我们就可以把这些股票和国债还给您。"听完经理的解释，犹太人道谢后准备离开。

这时目睹整个过程的行长怎么也想不明白，拥有50万美元的人怎么会来银行借1美元。行长见到犹太人有离开的意思后，马上追上去问犹太人："啊，这位先生，有件事情我实在想不明白，所以想请教您。您用50万美元做担保，但是只借了1美元。我觉得您可以借1万美元或是更多，我们也会很乐意的。"

犹太人解释："请不必为我操心。我在来贵行之前，问过几家金库，他们保险箱的租金都十分昂贵。所以，我用这些股票和国债做抵押，只借1美元，这样一来，租金就便宜多了，一年只需要6美分的租金，恐怕哪里都不会有这么便宜的租金。"

有关贵重物品的存放，大多数人都会想到金库的保险箱，并且这似乎是唯一的选择，但是保险箱的租金很高。犹太人并没有拘泥于常理，而是另辟蹊径，找到一个新的出路，从而通过借钱的方式让股票和国债等贵重物品存放在银行的保险箱中。银行的保险箱与金库从安全和可靠的角度来说并没有区别，唯一的区别就在于收费。

通常情况下，人们在向银行借款的时候，总希望能以最少的抵押借到更多的钱。而银行为了自身利益，从来不会让借款的数目超过抵押物的实际价值。所以在银行的规定中，只有借款额度上限的规定，而没有下限的规定。这就让犹太人“钻了空子”。犹太人之所以会省下这么多钱，就是因为他善于打破心理定式。

❖ 保持不变——知觉恒常实验

在日常生活中，我们会使用一种按照规律和意义来组织混乱感觉信息的能力来做决策，这种能力被称为“知觉恒常性”。例如，当我们站在高楼往下看的时候，即使看到楼下的人小得像蚂蚁一样，但是我们依然会根据自己的经验判断出那些人其实和自己是一样的，是高度造成这种视觉效果。

知觉恒常性是我们后天习得的，是我们的生活经验，而且似乎是必不可少的。那么，到底是什么样的生活经验让我们获得知觉恒常性呢？会不会存在一种这样的社会环境，使得在那种环境中生活的人们即使已经成年，依然没有获得知觉恒常性的能力呢？

为了解决这些问题，人类学家科林·特恩布鲁专门到刚果巴姆布提森林中研究俾格米尔人的日常生活与文化，并在那里进行了一些小实验。

俾格米尔人常年生活在丛林之中，从未见过远处的风景。这样的部落比较适合特恩布鲁的研究，因为这说明俾格米尔人没有这样的经验，他们的视野基本上被限制在30米以内，所以并不具备大小知觉恒常性的能力。

特恩布鲁在当地找了一名22岁的小伙子当自己的向导，小伙子名叫肯格。有一天，特恩布鲁和肯格开车离开俾格米尔部落，并到达另一个部落所在的小山东边，那里有大片的森林遭受了砍伐。在这里，肯格看到自己有生以来从未见过的大山。在特恩布鲁的建议下，肯格跟随特恩布鲁到更远的地方去见识群山峻岭。

当肯格看到那连绵的群山时，惊讶极了，因为他从未见过如此壮丽的景色。特恩布鲁和肯格准备离开时，肯格看见了远处平原上的野牛群。肯格问特恩布鲁："那是一群什么昆虫？"面对这样的问题，特恩布鲁感到很惊讶，但还是诚恳地回答道："那不是昆虫，而是一群野牛。"肯格不相信，并继续追问下去。见到特恩布鲁依然那样回答，肯格认为特恩布鲁是一个笨蛋。

特恩布鲁为了证明自己是正确的，就开车带着肯格走近去看那一群野牛。随着距离越来越近，肯格惊奇地发现那群"昆虫"的模样在渐渐变大。肯格对特恩布鲁说："这一定是魔法造成的。"当那群野牛真实地出现在肯格的面前时，虽然接受了事实，但是他依然不明白为什么之前看起来那么小的东西突然变成了野牛。肯格居然会认为，在那段时间内，野牛慢慢长大了。肯格还认为，这或许是什么人的把戏。

在回到俾格米尔部落之前的日子中，特恩布鲁开始训练肯格的大小知觉恒常性能力。让肯格观看远处的物体，并且判断那种物体是什么。经过一段时间的训练后，肯格消除了怀疑和恐惧，并且渐渐地让自己的知觉适应了全新的感觉信息，逐渐掌握了大小知觉恒常性的能力。

延伸阅读

在日常生活中，知觉恒常性是必不可少的，如果缺少这种能力，会给我们的生活带来很大的不便。知觉恒常性主要有以下几种类型，即大小恒常性、形状恒常性、方向恒常性、明度恒常性、颜色恒常性。

大小恒常性是指在一定范围内，一个人对物体大小的知觉不会随着距离的变化而出现改变，也不会随着视网膜上视像大小的变化而改变。也就是说，这个人的知觉映象会符合物体实际的大小特征。

形状恒常性是指，当一个人在看到所熟知的物体时，即使因为他观察角度的改变，物体的形状看起来也随之改变，他仍然觉得物体的形状保持不变。

方向恒常性是指，一个人不会随着自己身体方向或者视像方向的改变而感知物体实际方位改变的知觉特征。

明度恒常性是指，即使照明条件发生改变，人们依然认为物体的相对明度保持不变。

颜色恒常性是指，当一个人面对自己所熟知的物体时，当这个物体的颜色因为某种条件而发生改变时，个体会认为这是色光造成的。

❖ 有希望就有活路——希望实验

汉涅斯·林德曼是一位精神病专家，他曾经冒着巨大的生命危险拿自己做过一项心理学实验，并用这项实验证明希望和信心的重要性。

林德曼的这项实验就是横渡大西洋。林德曼所驾驶的船只有 5 米长，在出发之前，他为自己准备了充足的食物。

林德曼之所以做出这个决定，并不是一时冲动，而是深思熟虑后的结果。早在林德曼横渡大西洋以前，就有不少人尝试过，但是都以失败而告终。林德曼认为，这些人之所以会失败并葬身大海，不是因为体力不支，而是因为精神上的原因。他们在面对大海制造的灾难时，精神崩溃了，他们的希望和信心都被灾难卷走了，只剩下恐惧和绝望。林德曼认为只要一个人自始至终都对自己充满信心，给自己以希望，就一定会成功地横渡大西洋。为了验证自己的这一猜测，林德曼在家人的反对声中毅然决然地出发了。林德曼这次的确冒着很大的危险，一方面，他所准备的船很小，可以说是所有横渡大西洋的船中最小的一艘，他的这只小船适合湖泊那样平静的水域。另一方面，林德曼只是一个精神病专家，他对航海知识的了解非常有限，这不仅会给他带来麻烦，在紧要关头还会给他带来致命的危险。

最终林德曼成功横渡大西洋，仅仅用了 72 天就创造了这个奇迹。在此期间，林德曼遭受了许多海上的灾难，他的小船曾经被海浪打翻过两次，甚至还面临过海上的飓风，但是林德曼都死里逃生了。尽管在出发之前，林德曼为自己准备了充足的食物，但是在到达目的地之前，林德曼还是把准备的食物都吃光了。为了活下去，林德曼只好从海中抓鱼生吃，以填饱自己的肚子。

林德曼在横渡大西洋期间没有做任何笔记，后来林德曼在回忆中讲述了自己对抗精神紧张的方式。在面临灾难时，林德曼和所有人一样都会感到恐惧和绝望，这是一种本能。但是林德曼会利用自我催眠和自己发明的一种心理卫生系统来克服恐惧的情绪以及想要自杀的绝望冲动。

在这两个多月的时间内，林德曼遇到了难以想象的困难和灾难，甚至出现视觉幻觉，而且由于只在 5 米长的狭小船上躺着，林德曼还出现了运动感觉麻木。这一切都让林德曼这个信心满满的人感到绝望。当林德曼绝望得想要自杀时，他对自己说："你这个懦夫，你想要葬身于此地吗！不，我一定会取得成功的。"就在这种信念的支持下，林德曼终于成功地横渡了大西洋。

延伸阅读

希望是人类能够生存下去的根本欲望，只要有了希望，人类就可以战胜一切灾难，勇敢地活下去。这一点，古希腊故事早就告诉我们。

潘多拉是宙斯创造的第一个女人，目的就是报复人类。在到达人间之前，宙斯送给潘多拉一个盒子，并告诉她："你无论如何都不能打开这个盒子，因为这样会给人间带来巨大的灾难。"宙斯说的是实话，但是宙斯笃定潘多拉一定会打开魔盒，因为潘多拉和所有的人类一样具有好奇心。

后来，潘多拉终于在好奇心的驱使下打开了魔盒，结果疾病与灾难入侵人间，人们再也没有了以前无忧无虑的生活，而宙斯也达到了报复人类的目的。但是，人类并没有被魔盒所带来的疾病和灾难击垮，这是因为从魔盒中释放出来的最后一样东西是“希望”。

❖ 维卡利的玩笑——潜意识广告实验

1957 年，詹姆斯·维卡利给大家伙儿开了一个大玩笑。他作为市场调研员向外宣布：在最近六周内，可口可乐的销量会增加 18.1%，而爆米花的销量会上升到 57.7%。维卡利为了让大家更相信自己的话，还说自己之所以会得出这样的结论是因为一个实验。

原来在此之前，维卡利曾经在一家电影院内做过实验。在观众所观看的电影《野餐》中，每隔 5 秒就会出现一些广告，但是这些广告并没有让观众意识到，因为它出现和消失的速度十分快，只有 1/3000 秒。广告的内容就是：“请喝可口可乐”和“饿了，请吃爆米花”。

维卡利说，在电影《野餐》播放后，现场的观众大多数都会去购买可口可乐和爆米花。也就是说，维卡利的广告实验达到了预期的效果。由于在维卡利的实验中，广告出现的时间十分短暂，根本不会进入观众的意识中，所以维卡利把这个实验称为“潜意识广告”。

维卡利的这个声明在当时引起了巨大的轰动，公众十分震惊，甚至连评论家都发出警告。当时在收音机和电视机上做潜意识广告成了最热门的行业。

但讽刺的是，在 1984 年的时候，维卡利公开承认，之前所声明的那个实验是虚假的，他这么做是为了给自己入不敷出的营销公司拉客户。

维卡利和公众开了一个大玩笑。

延伸阅读

尽管维卡利的这个潜意识广告实验是虚假的，但是却涉及一个心理学理论——阈下刺激。我们的周围充满了刺激，有的是我们能意识到的，有的却意识不到。那些我们意识不到的刺激被称为“阈下刺激”。例如，我们每个人都能意识到钟表上秒针的转动，但是却感受不到时针的转动，因此时针的转动就属于阈下刺激。

虽然阈下刺激我们感受不到，但是它却影响我们的行为。一些梦境实验就是很好的证明。在实验中，实验者以 0.005 秒至 0.01 秒的速度向被试播放幻灯片。然后，实验者会要求被试画下自己所看到的幻灯片上的图片。由于刚才幻灯片的播放速度实在太快，所以被试根本回忆不起来。后来，实验者让被试回家，并让被试第二天来这里汇报自己的梦境。第二天，被试说虽然在当时画不出幻灯片上的图片，但是却会在梦境中清晰地看到。

图书在版编目 (CIP) 数据

心理学入门 . 2，匪夷所思的心理学实验 / 李娟娟著 . — 2 版 . —北京：中国法制出版社，2019.6

ISBN 978-7-5216-0283-8

Ⅰ . ①心… Ⅱ . ①李… Ⅲ . ①心理学–通俗读物 Ⅳ . ① B84-49

中国版本图书馆 CIP 数据核字（2019）第 112536 号

责任编辑：陈晓冉（chenxiaoran2003@126.com） 封面设计：汪要军

心理学入门 . 2，匪夷所思的心理学实验

XINLIXUE RUMEN. 2，FEIYISUOSI DE XINLIXUE SHIYAN

著者 / 李娟娟

经销 / 新华书店

印刷 / 河北鑫兆源印刷有限公司

开本 / 710 毫米 ×1000 毫米 16 开 印张 / 15.75 字数 / 216 千

版次 / 2019 年 6 月第 2 版 2019 年 6 月第 1 次印刷

中国法制出版社出版

书号 ISBN 978-7-5216-0283-8 定价：42.80 元

北京西单横二条 2 号 邮政编码 100031 传真：010-66031119

网址：http://www.zgfzs.com **编辑部电话：010-66071900**

市场营销部电话：010-66033393 **邮购部电话：010-66033288**

（如有印装质量问题，请与本社印务部联系调换。电话：010-66032926）